[澳]蒂姆·弗兰纳里　　[澳]埃玛·弗兰纳里/文

[澳]凯蒂·梅尔罗斯/图

吴华/译

快来！蹬上探险靴，一起去探访……

了不起的
大象

陕西新华出版·未来出版社

·西安·

庞然威严的大象

嘘！你是不是发现了一个大块头？它灰色的皮肤皱皱巴巴，宽大的耳朵扑扇扑扇。或许你感觉到地面震颤，听见低沉的隆隆声，而后看到壮实的脚，踏着草地、拖着步子向我们走来。屏住呼吸——我们就要和大象一家见面了。

说到大象，你最先注意到的，一定是它的块头。它们是**地球上现存最大的陆地动物**，身高可达3.2米（肩高），和两个成年人摞起来差不多。它们也非常重，最重的约有11吨——相当于500多个6岁小孩的体重加在一起！

大象不仅身体巨大，**脑容量也很大**，拥有很棒的长期记忆能力和学习、理解能力。

大象是群居动物，交流方式多种多样：高亢的咆哮、神秘的低啸，甚至用撒尿来传递信息！

大象一般可以活到70岁。与我们人类不同，雄性大象在成年期会持续地长大，到了老年，它们的体形可达到年轻时的2倍。

大象各不同

你可能发现了，地球上只有两个大洲有大象：非洲和亚洲。大象共分两属三种，每一种大象都生活在自己喜欢的栖息地，所以它们之间不会碰面。

普通非洲象是体形最大的大象，偏爱更大的生活空间。它们的栖息地是热带和亚热带草原：大片大片的草原，树木稀少，大象漫步其间，享用着草和树叶。

非洲森林象的栖息地是热带雨林，那里树木繁茂，密密匝匝，美味的水果多不胜数。非洲森林象是最难发现的，动物学家们常常得依靠粪便来寻找它们的踪迹！

4

怎样区分非洲象和亚洲象？

看一看它的	非洲象	亚洲象
体形	较大	较小
头的形状	圆圆的	中间凹下
耳朵的大小	大	小
鼻尖	2个突起	1个突起

非洲象　　　　　　　　　　　亚洲象

如果仔细观察，还可以区分普通非洲象和非洲森林象。非洲森林象体形稍小，耳朵更圆，象牙更直。

体形较小的**亚洲象**生活在亚洲，与它们的非洲亲戚相隔半个地球。亚洲象的栖息地有森林，也有草原。大约三分之一的亚洲象是由人类圈养的，不是生活在野外的。

仔细观察大象的身体

1

    大象周身覆盖着**厚实的、皱皱巴巴的灰色皮肤**。摸摸它的膝盖，就像摸到了老树皮，粗糙又干燥。但要是把手伸到它的腋下挠痒痒，就会发现那里的皮肤很柔软！大象的皮肤上长着稀疏的、硬硬的短毛发，就像扫帚上的刷毛。这些皱纹和毛发能帮助大象在炎热的天气里保持凉爽。

2

    大象的**尾巴很小巧**，末端有一簇毛，正好用来赶走昆虫。每头大象的尾巴都是独一无二的，所以动物学家们通过观察大象的尾巴来识别它们。

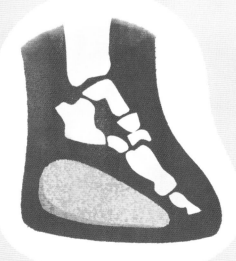

3

    大象其实是踮着脚尖走路的！它们有四条粗壮的腿，腿的末端是**矮墩墩的脚**，脚底板看起来平平的，那是因为脚趾后面有一大块脂肪垫支撑着。（和你一样，大象每只脚上都有脚趾，但和你不一样的是，它们的脚趾上不一定都有趾甲！）

6

4

大象的**大脑**是陆地动物中**最大的**，重达6.5千克，和4个月大的婴儿差不多重！

5

大象的皮肤没有排汗功能，它会用**柔软的大耳朵**扇风降温，就像扇扇子似的。

6

有些大象的**象牙**很长，从嘴巴里伸出，常用来挖土掘木、采集食物、挑举抬挪，以及保护自己。象牙终生生长，所以年纪越大、越聪明的大象，它的象牙就越长。象牙也分"左撇子"和"右撇子"，就像人类的手一样！惯用的那一侧象牙通常会稍短些，因为它磨损得更多。

7

7

大象最有趣的特征是鼻子。它的长鼻子其实包括了**连在一起的鼻子和上唇**。象鼻强壮有力，肌肉发达，但没有骨骼——就像我们的舌头。如果把全球所有动物都算在内，评选最敏感的身体部位，大象的鼻子肯定名列前茅。大象的鼻子不仅能够嗅闻气味，还有捡拾、吃喝、交流的功能，甚至可以在游泳时充当通气管！

聪明的生物

大象的记忆力很棒。你还记得上周二吃了什么早餐吗？如果你是一头大象，或许就能想得起来。大象能够记住气味、迁徙路线和其他大象的叫声，而且一记就是好多年。

有些大象能认出镜子里的自己。这听起来似乎没什么了不起，但能做到这一点的动物并不多，除了大象，还有人类、猿和海豚。

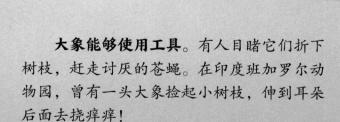

大象能够使用工具。有人目睹它们折下树枝，赶走讨厌的苍蝇。在印度班加罗尔动物园，曾有一头大象捡起小树枝，伸到耳朵后面去挠痒痒！

大象还会做梦。大象每三四天做一次梦，而且只有躺倒睡觉的时候才做梦。大多数时候，大象是站着睡觉的。

大象具有幽默感。大象玩耍时很有创意，身边无论有什么都能玩一玩，比如木棍、植物、小石子等。大象宝宝玩闹时甚至会发出嬉笑似的声音。爱玩的大象宝宝通常也有爱玩的爸爸妈妈。

大象具有同情心，能理解到其他同伴的感受。情感丰富的大象与家人、朋友有着深情厚谊，它们会帮助或安慰遇到麻烦的伙伴。比如，要是大象陷入了泥坑，总会有其他大象来帮忙。

9

大象能够理解"死亡"、体会"悲伤"。当大象遇到同类的尸体，它会默默地停留许久，有人还见过大象触摸同类的遗骸，它们有时甚至会守着尸体，或用土掩盖尸体。也有人目睹过象妈妈用象牙托着死去的小象这样悲伤的一幕。

对于大象来说，鼻子实在方便好用——它能够向各个方向移动、抓住物体。象鼻就像你的指尖一样灵活，可以从地上揪下一片小小的草叶。

象鼻——超级棒

大象还会用鼻子从树上摘下，或从地上捡起食物，然后依靠强壮的鼻部肌肉，把食物挤扁压实，再送进嘴里吃掉。

鼻子够不着的食物，大象就全身上阵。非洲森林象喜欢一种脐果，这种果实有两个网球那么大，而且长在高高的树上。为了吃到它，大象会用庞大的身躯撞击树干，把果实撞下来，然后再用尖尖的象牙或强壮的下巴破开坚硬的果壳。

大象喝水时，用鼻子吸水，再把水喷进嘴里。大象的鼻子吸力强劲，吸水的速度可达每小时540千米，是你打喷嚏时的30倍。象鼻也可以像水球似的当作玩具，鼻孔膨胀起来，能容纳大量的水——多达9升！

你见过大象用鼻子当作水管，给自己淋水降温吗？

大象还能用鼻子抚摸、嗅闻家庭成员，也能用鼻子互相致意。象群相遇时，常常会停下来，碰碰彼此的鼻子。

象鼻如此神奇，科学家们便努力研究它的结构，以期造出"机器鼻"。想象一下，如果拥有一条机器鼻，你会用它来做什么呢？这就像你拥有了第三只手，可以一边骑车一边吃冰激凌，或者一边烤蛋糕，一边给朋友挠痒痒。

11

嗅闻——
像大象那样

大象的嗅觉极其灵敏。它们常常举起鼻子，伸到半空，或鼻子贴着地面，边走边闻。它们能闻见远处的食物、水或尿的气味。

大象不仅能闻到食物的气味，还能分辨出食物的多少。如果把两堆数量不一的种子扣在桶里藏起来，大象的嗅觉会帮它们挑出多的那一堆。种子的数量可能非常接近，你用眼睛都无法分辨哪堆更多，可大象却能轻而易举地办到——多么了不起的鼻子！

大象会用鼻子细细嗅闻、小心选择方向，
这个动作叫作"潜望镜式嗅探"！

你能闻到地下几米，或几百米之外的水吗？答案肯定是"不能"，但大象却有这个本事，而且在炎热天气里总能派上用场。它们凭着嗅觉找到地下水，然后用象牙或脚掘土挖洞，就能喝到水了。

为什么大象会闻臭烘烘的尿？因为它们能够通过尿液辨别象群中的成员，还能判断出那是不是雄性大象为了寻找配偶留下的。只是闻闻尿液的气味就能认出家人和朋友，厉害吧！

大象的鼻子甚至能够辨认出隐藏的炸弹。科学家们曾用少量TNT做实验，得出的结论是，大象闻出炸弹的正确率高达99%。

吃了拉，拉了吃

大象的胃口很大。作为食草动物，它们的主食是植物，包括茎、叶、果实，甚至根。大象每天要花18个小时寻找食物，一天的食量足够你吃上一两个月。

有时大象一连几天都不睡觉，不停地四处觅食，或躲避危险。大象每晚只睡约2个小时，是所有哺乳动物中睡眠时间最短的。相比之下，成年人每晚睡8个小时，而且年龄越小，需要的睡眠时间就越长。如果按照大象的时间表来睡觉，我们肯定吃不消！

大象每天要吃掉160千克食物——相当于9个五岁小孩的体重加起来那么重！

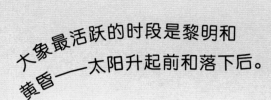

大象最活跃的时段是黎明和黄昏——太阳升起前和落下后。

当然，有进食，就有排泄。大象每天要排便10次，每次粪便的重量和一条成年边境牧羊犬体重差不多！大象的粪便藏着很多信息，比如肛门的大小，知道了这个，就能够推算出大象的年龄。

幸好，大象的粪便不臭。说来你可能不信，有人甚至觉得它有点儿香！在某些地区，人们点燃大象的粪便，用这种特别的烟雾来驱赶蚊子。

大象的粪便是优质肥料，有助于植物生长，而且还能帮植物"搬家"。大象享用果实时，也会吞掉里面的种子。种子不会被消化，大约40小时之后，就能完成从嘴巴到屁股的旅行。在这段时间里，大象四处走动，最终把种子排泄出来时，早已远离之前的地方。种子生长成植物，一次"搬家"便大功告成。

大象的大家庭

大象是群居动物。象群庞大，由许多成年雌性大象和它们的孩子组成。象群的成员会随着时间推移而变化。日子不好过时，大群会分裂成数个小群。重新聚拢时，大象会兴奋地互相问候，有时还会高声咆哮！

在象群中，所有雌性大象都会帮忙照顾小象。对于亚成年大象来说，这项工作也是学习育儿的好方法。

非洲象群有一个"女族长"，通常是年长的雌性大象，负责管理整个大家庭。
其他拥有"女族长"的动物还有狐獴、狮子和虎鲸。

象妈妈和女儿非常亲密，
她们一生都相依相伴。

雄性大象在14岁左右时成年，
这时就要离开象群，独自去冒险
了。成年雄性大象总是四处游荡，
寻找配偶。在这个过程中，它们有
时会和其他象群相处一阵子，或与
其他成年雄性大象成为伙伴。

象群移动时，可能会排成**一列长队**，通常
由"女族长"殿后，由另一头有威望的雌性大
象领头。

像大象一样 "聊天"

大象能发出很多种声音彼此交流。科学家们已经发现了30多种不同的大象叫声，如鼻息声、咆哮声、喇叭声、哭声等。

有时，大象会在小象出生时发出兴奋的**吹喇叭声**——咿咿咿咿呀！小象玩耍时，也会用鼻子发出类似的声音，听起来就像人在擤鼻子！

咿咿咿咿呀！

大象也会用**低沉的轰鸣声**来交流，这种声音能够传到10千米之外。大象用鼻尖和脚底感受轰鸣声，还能判断出发出声音的是谁。成年雌性大象能够凭借这种轰鸣声辨认出100个朋友！

不同的轰鸣声表达不同的意思。"咱们走吧"和"我想交配"是不一样的。

大象的轰鸣声频率很低，人的耳朵很难听到。不过，如果努力体会，有时还是能感觉到的。

第一个发现大象用轰鸣声来交流的，是美国科学家凯蒂·佩恩。她在动物园观察大象，研究它们的行为时，感受到了空气的振动。你下次去动物园，也可以试着感受一下。

大动作，爱交流

正如你会向邻居挥手打招呼一样，大象也会用不同姿势互相交流。它们会活动身体的某些部位，如耳朵、头、腿、鼻子、尾巴等，向其他大象传递信息。你会如何用身体来表达自己想要表达的意思呢？

我正在倾听远处的声音或感受远处的振动。

静止（身体不动）

我在等待。

马戏姿势
（象鼻弯曲成 S 型）

跟我玩儿！

弯曲膝盖

我是雄性大象，正在寻找伴侣。

摆动耳朵

我害怕。

挺起尾巴，扬起下巴

21

都听我的！

昂起脑袋，扑扇耳朵

后退！

拍打尾巴

爱意弥漫

大象14岁左右就能够繁衍后代了。雄性大象会离开象群，去寻找伴侣，大多数雌性大象也会在这个年纪生下第一个孩子。

雄性大象准备好交配，就进入了"发情"阶段。年轻的雄性大象**发情期**只有几天，年纪渐长后，则会持续数月之久。在这个阶段，雄性大象会变得好斗，而且精力充沛。头侧渗出的黏稠物会让它更有攻击性，带有特殊气味的尿液滴落时黏在腿后，这会让其他大象知道，它正在寻找另一半。

来吧，
打一架！

象妈妈抚养孩子需要花很长时间，所以每隔三到六年，她只用几天时间来交配。这意味着雄性大象得通过激烈的竞争才能抓住这难得的机会。它们有时会打架，用头、身体和象牙互相撞击。

雌性大象做好交配准备时，会发出一种有力而低沉的轰鸣声来呼唤伴侣。这种声音可以传得很远，但因为频率太低，人类是听不见的。而雄性大象四处寻找"意中象"，总是听得很认真，回应得很及时。

大象用它们的长鼻子来表达浪漫——彼此中意时，它们会把鼻子缠在一起。

象宝宝诞生了

大象交配后，小生命就在象妈妈的子宫里慢慢长大。人类胎儿要在妈妈的子宫里住上9个多月，而大象胎儿则需要22个月才能出生——这个时间是哺乳动物之最。

象宝宝出生时不能躺太久，必须尽快站起来，以远离各种危险。你会发现象宝宝总是依偎着妈妈，因为妈妈就意味着安全和生存。

象妈妈是最好的老师，教幼崽各种各样的本领：怎样找路，怎样游泳，什么东西能吃，以及如何躲避狮子、老虎等猎食者。

象宝宝和人类小孩有很多相似之处。象宝宝喜欢吸吮鼻子，就像人类小孩喜欢吸吮大拇指。象宝宝的乳牙也会脱落。它们很调皮，喜欢"叠罗汉"——一个爬到另一个身上，大家歪七扭八地叠成一团，压在底下的小象会拱来拱去，高兴地把腿伸出来。

象宝宝需要花费一年时间来学习如何控制鼻子。摸索学习的时候，它们会饶有兴致地摇晃长鼻子，非常有趣。最初几个月，象宝宝不会用鼻子吃东西或喝水，而是由妈妈喂养。象妈妈会在长达三年的时间里为象宝宝提供富有营养的乳汁。

小象爱妈妈

25

意想不到的近亲

地球上现存还没有和大象模样相似的动物，它的近亲肯定会让你大吃一惊，其中有不少都很特别。这些动物拥有的共同祖先，都生活在6000万年前的非洲。

怎样确定这些怪模怪样的动物与大象有关呢？除了寻找体形、牙齿、骨骼的相似之处，科学家们也关注着DNA之间的联系，所有动物都拥有DNA这种微小的遗传指令。

海牛和儒艮同属海牛目，但它们可不会哞哞叫。它们像牛一样行动缓慢、性情温顺、喜欢放屁！它们生活在温暖平静的海域，在海底嗅来嗅去地寻找食物。海牛就像海中的大象——仔细观察，你就明白了。海牛和儒艮像大象一样有着圆鼓鼓的身体、灰色褶皱的皮肤、稀疏而粗硬的毛发。儒艮的上唇能够灵活移动，有点儿像象鼻，有些成熟的儒艮也长有长牙。

第二版前言

家具设计与制作是中国传统的工艺门类之一，有着悠久的历史和深厚的文化积淀。中国现代家具行业已从传统的工艺美术发展成一个庞大的产业，成为中国重要的工业组成部分，对世界家具设计制造产生深远的影响。

手绘设计表现是家具设计最重要的环节之一，借助形和色进行家具的组织，抓住瞬间的创意灵感。手绘设计是一种催化剂，将大量的设计草图催生成优秀的设计作品，是设计师通往成功的一条道路。

手绘设计快速表现的目的在于培养设计表达的技能，从而更好地服务于设计。本书包含四个模块内容，分别为平立面表达、概念设计表达、设计稿表达、马克笔上色表达。内容的编排原则以基础知识、技能训练、技能运用的递进学习方式，强调扎实的基本功、灵活自由的表现效果。

本书主要针对家具设计领域，适用于高校、高职高专的家具设计专业、产品设计专业、室内设计专业等，以及在岗家具设计专业人员和家具的业余爱好者。

本书所绘制的家具以表现技法为主，参考现有的家具产品形式，并在此基础上进行快速表现，而非完全表现原设计作品。

本书在第一版的基础上主要做了以下调整：对书中部分语言表述方面进行了修改，修正了个别错误；对书中部分案例进行归类调整，并增加一些最新的设计案例，丰富内容和形式；增加了一些经典榫卯结构的案例，既丰富了案例的形式，也加强了专业表达方面的完整性。

目录

C O N T E N T S

第一章
CHAPTER 1

家具设计手绘
表现概述

1.1
家具设计手绘快速表现简述

设计是一项创造性的活动，兼具技术与艺术、实用与美、感性与理性等多层次内容。设计是人类社会发展的动力源之一，推动社会的发展更新。设计表现是设计过程中最重要的环节，连接人类创意思维与实践活动，将创造性设计构想变成现实。

绘画是最古老的思维表达形式，也是最直观、最有效的设计表达形式。时至今日，我们仍然能从《考工记》里的设计图（图1-1）中准确解读出中国古代城市规划的设计思想以及城市规划建设的设计形式，即"匠人营国，方九里，旁三门，国中九经九纬，经涂九轨，左祖右社，前朝后市，市朝一夫。"

手绘是现代设计表达最常用的方式，以其快捷、简便、直观、多样的形式，准确地表达设计的功能、结构、材质、造型等创意信息。手绘设计是当代设计师最重要的表达工具，通过图形语言进行表达和交流，是设计必备的一项重要技能。

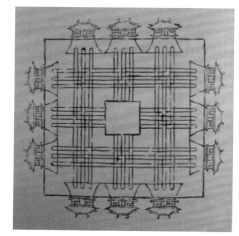

▲ 图1-1 《考工记》

1.2
家具设计手绘快速表现的目的和意义

手绘设计的目的是进行设计的表达与交流，其本质在于如何运用直观的图形语言，清晰、准确地将设计构思表现出来，以视觉化的形式表现无形的创意。因此，手绘设计的最终目的在于运用线条形式、透视原理、比例与尺度、光影和色彩等手段，以简便、直接的方式将设计构思表达出来。

手绘设计是一项重要的技能，对设计活动而言，具有很多方面的意义。

（1）设计的表达与交流

手绘的目的是进行设计表达，以图形语言传递创造性的设计思维，便于设计构思的视觉化及交流，这种图形的表达与交流是语言无法取代的。

（2）培养设计思维

手绘是以简练的线条概括复杂的思维设计，其处理的内容主要是针对立体空间以及设计造型。对于成长期的设计师而言，手绘设计可以提高空间想象能力，锻炼形体的塑造能力，有助于培养设计思维。

（3）收集素材

手绘不仅是一个设计输出的过程，也是一个设计输入的过程。手绘以简洁、快速的概括方式，快速记录设计师感兴趣的设计素材。经过一段时间的积累，设计师便可以建立自己的设计素材库，增加设计师灵感来源，对设计师个人能力的提高起到很大的帮助作用。如图1-2所示，为作者云南考察收集的一些设计素材。

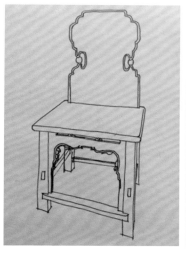

▲ 图1-2　云南考察手绘作品

（4）表达个人风格

设计是一种个人的意识活动，是个人思维活动及审美特征的反映，带有强烈的个人色彩。手绘作品能直接反映个人的设计风格。设计师可以通过手绘作品的表达与交流，提升自己对设计的理解和认识，吸收优秀的设计元素和手法。对于成长中的设计师而言，也可以通过手绘设计的训练，培养自己的设计风格。

1.3
家具设计手绘快速表现常用工具

手绘设计常用的工具种类和数量较多，对于不同的设计师而言，都有一套自己习惯使用的工具。下面以马克笔手绘设计方式为例，介绍常用的工具。手绘设计使用的工具大致有三类：手绘板、纸张、笔。

（1）手绘板

手绘板的主要目的是提供一个平整、稳固的基面，同时能固定纸张，避免手绘过程中由于纸面的晃动影响手绘效果。手绘板的形式有很多，有塑料板、胶合板、复合板等，一般建议采用A3塑料复合速写板，不易变形，且纸面空间比较大，如图1-3所示。

（2）纸张

纸张的类型有很多，如白色的复印纸、彩色的速写纸、速写本、硫酸纸等。各种纸张的特性都不一样，表达出来的效果也不一样。如速写本纸张比较粗糙，走笔不顺畅。有色速写纸纸张色彩对作品有一定的影响。对

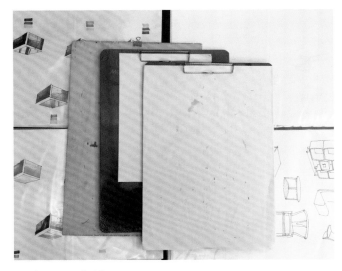

▲ 图1-3　A3速写板

于手绘初学者而言，建议采用白色复印纸，比较光滑，走笔顺畅且黑白色调明显，如图1-4所示。至于个人后期作品的创作，可根据实际情况选择纸张类型。

（3）笔

手绘使用的笔类型很多，大致分为两类：线稿用笔和上色用笔。对于初学者而言，要熟悉各种笔的特性和使用技巧，便于日后选择适合自己的手绘用具。

① 水笔：水笔是线稿常用的工具，价格低廉，经得起消耗，使用简便。购买时，挑选自己抓握舒适的笔形，笔头通常采用0.5mm或0.7mm，不宜太细。颜色建议使用黑色，不会因笔的色彩影响手绘稿的效果。购买时，试一下，要求走笔比较顺畅，不要卡纸，同时出水均匀。

▲ 图1-4　A3复印纸

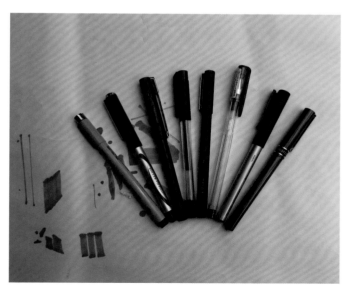

▲ 图1-5　手绘用笔

② 钢笔：钢笔手绘稿的风格效果很突出，艺术效果较强，画面层次感强。但钢笔对使用技巧要求高，走笔要均匀流畅，而且对线条绘制准确度要求高，否则容易使画面凌乱。对于初学者而言，建议不要使用，待手绘能力达到一定水平之后再使用。

③ 铅笔：普通HB铅笔一般不用于手绘设计表达，因为铅笔所绘制的线条容易因擦拭而模糊，导致画面模糊不清、层次感差。同时，铅笔线稿不容易上色。

④ 彩色铅笔：彩色铅笔是快捷、简易的上色工具，能快速将线稿转化成具有一定层次的色彩稿。彩铅可以独立使用，也可以配合马克笔使用，如图1-5所示。

▲ 图1-6 马克笔

⑤ 马克笔：马克笔是一种用途广泛的上色工具，具有上色快、色彩鲜艳、层次丰富、易干的特性，是目前手绘设计中常用的上色工具，如图1-6所示。马克笔的特性及使用方式在后面的章节会具体叙述，请查阅相关章节。

⑥ 辅助工具：常用的辅助工具主要有尺子、涂改液、透明胶带、挡色卡、夹子等。

1.4
家具设计手绘快速表现的姿势

通常来讲，手绘设计并没有严格的姿势要求，也没有姿势标准，只要不阻碍手绘创作即可。然而，在手绘实践过程中，发现有些姿势习惯不利于手绘创作，有些姿势习惯却可以使手绘创作变得更轻松。总结出这些相对科学合理的姿势，可以帮助初学者快速掌握手绘技巧。对于初学者而言，可以在此基础上调整出适合自己的创作习惯。

通常手绘的姿势主要注意三个部分的要求：躯干、手、手臂移动。

（1）躯干部分

手绘时，要求躯干不阻碍手臂的活动，以在手绘时保证手臂的灵活性。同时，躯干略微前倾10°左右，如图1-7所示，这样可减少头部的倾斜角度。

▲ 图1-7 躯干姿势

（2）头部部分

头部部分的要求主要考虑视线与画面的夹角尽量保持在90°左右，以便于观察手绘过程，及时对画面做出判断和调整。在手绘时，为了避免头部倾斜角度过大，降低手绘过程中的疲劳程度，画板可以略微向前倾斜一些角度，这样就更容易保持躯干的稳定和视线的通畅，如图1-8所示。

（3）手及手臂的移动

手臂部分包括手、手腕及手肘。手的握笔方式要注意不要遮挡眼睛对绘图部分的视线，保持视线对图形的时时观察，以便设计师对图形进行观察和思考。手腕和手肘在绘图时要尽量保持为一个整体，在画线时尽量同步移动，这样就能保证所绘制的线条粗细均匀，且比较平直流畅，如图1-9所示。

▲ 图1-8 头部姿势

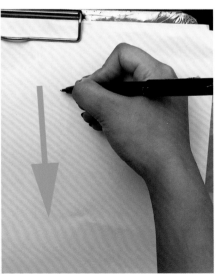

▲ 图1-9 手的姿势

1.5 家具设计手绘快速表现的学习方法

　　手绘设计是一项技能的表现，古语有云："熟能生巧"，正是对这种技能型知识学习的总结。手绘设计技能的培养是一个不断训练的过程，贵在坚持，要长期不间断地进行学习和训练，达到得心应手的状态。手绘设计的学习过程是一个进阶及反复的过程，需要有步骤的训练。

　　第一步，基本功练习。基本功是上层建筑的保证，对以后手绘设计作品的效果起到决定性的作用。开始学习时，一定要注意基本功的训练，切不可操之过急，一味追求绘制完整作品，而忽略基本功训练。基本功的练习主要包括：线条、透视、上色技巧等。基本功的练习比较枯燥，可以采用多种形式相互结合，以免乏味。

　　第二步，临摹练习。临摹练习主要是参照一些优秀的手绘作品进行手绘练习。临摹不是一味地追求模仿，而是有目的的参照学习，主要学习画面的整体控制、细部的处理以及效果的表达，在意识中建立手绘作品的模式。

　　第三步，基本功巩固练习。当临摹到一定阶段以后，会发现某些基本功不是太扎实，如透视或线条等，需有目的地针对薄弱部分强化训练，尽量使基本功比较全面。

　　第四步，强化训练。强化训练是对照家具实物或家具照片进行练习。这个阶段是对前面所学知识的综合运用，如训练构图、细节处理、效果表达等。在训练过程中，不妨时时参照一些优秀的作品，以改进自己的不足。

　　第五步，手绘设计创作。到达这个阶段，说明手绘训练技能已经达到一定层次，可以开始进行创作，将自己所构思的设计概念表达出来，同时培养出自己的手绘风格。

　　第六步，长期坚持。手绘生手的速度很快，一个月不画，线条就会发抖；三个月不画，线条就没信心。要尽量坚持每天都绘制一定时间。要有不画手绘，手就有点发痒的感觉，这样才算进入手绘设计的轨道。

第二章
CHAPTER 2

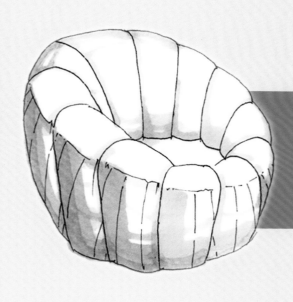

线条的基础与表现

2.1
线条的构成

    线条的绘制貌似很简单，每个人都能绘制，随手就能画。但是对于设计而言，线条就需具备一定的要求，要有塑造形态的作用，要有刚劲的力度，要有形式的美感。如图2-1所示，左边的图形过于随意，画出的立方体形体也不明确；右边的图形具有较强的力度感，图形也比较明确。

    手绘设计的线条绘制一般由三个部分构成：起笔、走笔和停笔，如图2-2所示。起笔要明确，要有线条开始的感觉。走笔部分要均匀流畅，直线要平直，曲线要优美。停笔部分也要明确，给人以线条终结的感觉。

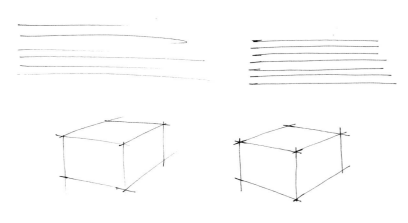

▲ 图2-1　线条与手绘图形

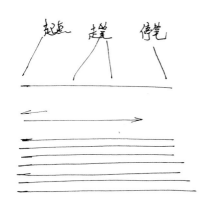

▲ 图2-2　线条绘制形式

2.2 线条的类型

线条是手绘设计最重要的元素，其类型也比较多样。按线条的形态，大致可以分为两类：直线和曲线。直线又可以分为：水平线、垂直线、斜线。曲线可以分为自由曲线及几何曲线，如图2-3所示。线条除了这些类型之外，每一种线还会给人以不同的视觉感受，如线的软硬、长短、粗细、虚实等。

▲ 图2-3　线条的类型

2.3 线条的练习方式

线条的运用是手绘设计最关键的基本功环节。线条的运用熟练程度关系到手绘作品的效果。线条的训练也不必操之过急，要分阶段、分层次地训练。随着训练程度的增加，对线条的理解越深刻，绘制的线条就越美观。

线条的练习可以分三个阶段进行。

第一阶段，熟悉各种类型线条的绘制，以及线条的不同视觉特性，如水平线、垂直线、斜线、几何曲线、有机曲线、虚的直线、软的斜线等，如图2-4和图2-5所示。

第二阶段，线条的控制练习。这一阶段主要学习如何熟练并自由控制各种线条的绘制，如定向线条绘制、定量线条绘制、渐变线条绘制、平行线条绘制等，如图2-6所示。

▲ 图2-4 线条的基础练习

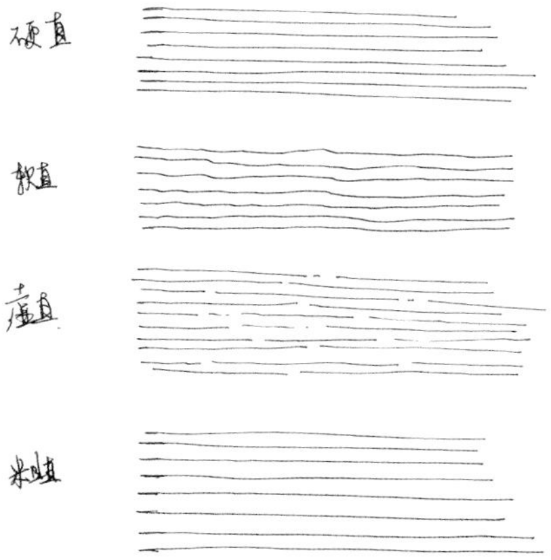

硬直

软直

虚直

米虚

▲ 图2-5 线条的视觉特性

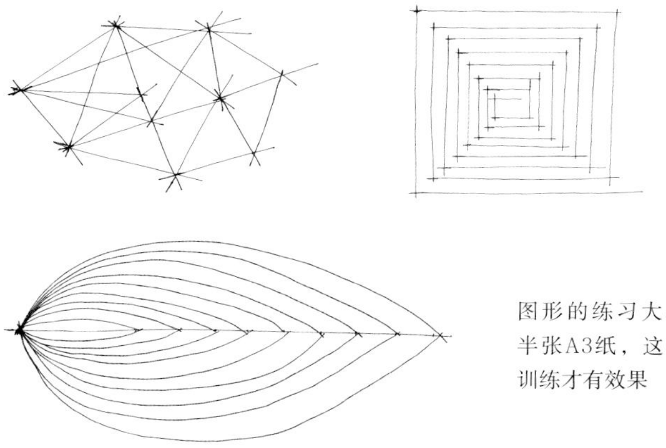

图形的练习大小为半张A3纸，这样的训练才有效果

▲ 图2-6 线条的控制练习

　　第三阶段，线条的运用练习。掌握了线条的基本绘制方法以后，就可以直接运用在平、立面图形的练习上。一方面检验线条的掌握程度，一方面学习平、立面图形的绘制。练习时，可以从简单的几何图形开始，然后变换成各种复杂的图形，进而进行家具平、立面图形的绘制，如图2-7～图2-13所示。

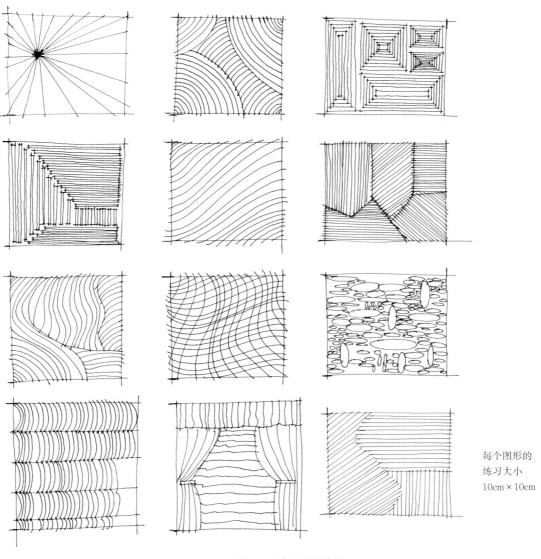

每个图形的
练习大小
10cm × 10cm

▲ 图2-7　线条的巩固练习

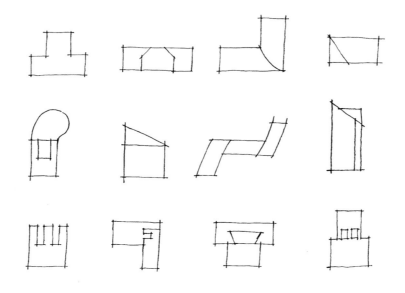

▲ 图2-8　二维平面图形练习

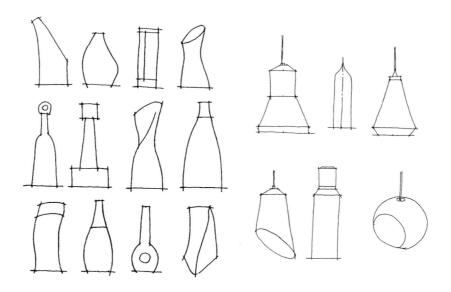

▲ 图2-9　二维平面图形练习

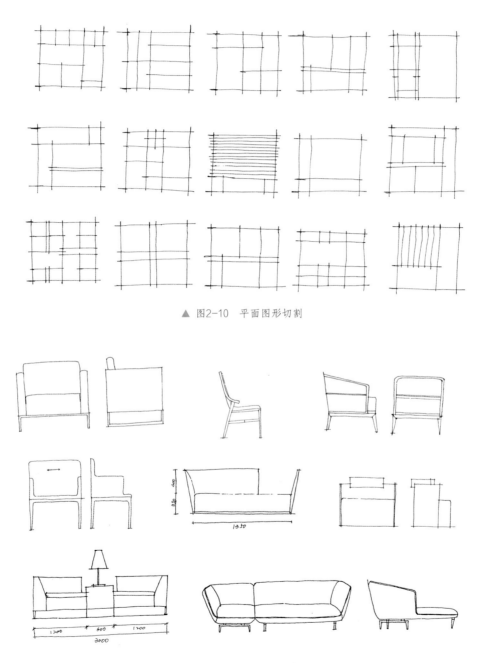

▲ 图2-10 平面图形切割

▲ 图2-11 家具平、立面表现

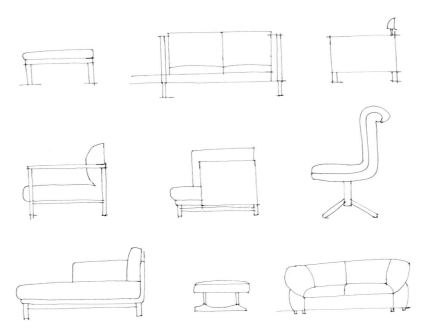

▲ 图2-12 家具平、立面表现

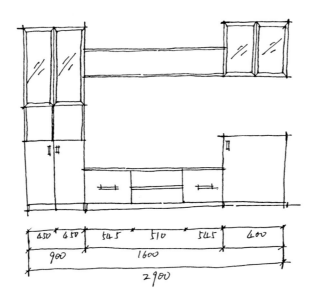

▲ 图2-13 家具平、立面表现

第三章
CHAPTER 3

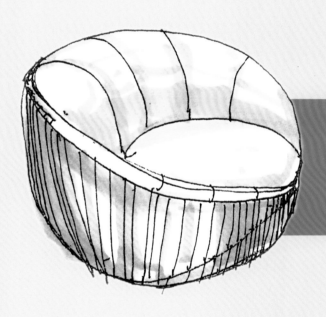

透视原理与
快速表现练习

3.1
透视的基本原理

我们所看到的外界事物具有三维的尺度，所见到的画面是外界事物在人视网膜上的影像。将人左右眼所看到的影像合成，人就能看到外界事物的三维尺度，这就是人的立体视觉。我们在进行二维图形绘制时，会发现有些图形看起来比较舒服，具有立体的感觉，有些图形看起来很别扭，原因就在于图形的绘制方式。我们以二维图形描绘外界的三维事物，其本质如图3-1所示，透过一个透明的玻璃板，将外界事物投影到玻璃板上，然后将投影描绘下来。通过科学的研究发现，这样的图形具有某些典型的规律，运用这些规律进行图形的绘制，那么，二维图形就具有三维立体空间的效果，符合人们的日常观察规律。这种图形的绘制方法就是透视学。

透视学就是将外界事物投影到纸面上的二维平面图形，那么，与纸面平行的线或面就不会产生变形，只有大小等量缩放。相反，与纸面成一定夹角的线或面就会产生变形，而且夹角越大，变形越大。相互平行的线延长后，会相交于远方的一个点，称为灭点，如图3-2所示。

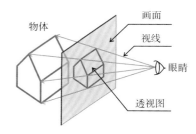

▲ 图3-1 透视投影

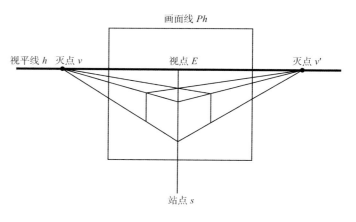

▲ 图3-2 透视灭点

3.2
透视的基本类型

根据前面介绍的透视原理，我们的眼睛能够看到三维的空间维度，以空间坐标X、Y、Z三个坐标轴表示水平方向、纵深方向、垂直方向。那么，透视的类型就依据三轴与画面的关系、形成灭点的数量进行划分，分为一点透视、两点透视、三点透视。

（1）一点透视

如图3-3所示，一点透视也称平行透视，只有一个方向与画面形成夹角，纵深方向产生变形，即Y轴产生变形，形成一个灭点。其他两个方向与画面平行，形成一个面与画面平行，即X、Z方向。一点透视画法比较简单、快速，是手绘设计常用的一种透视类型。但是一点透视变形方向比较单一，且与人们日常观察的影像相差较大，因而画面比较单调，容易产生呆滞感。

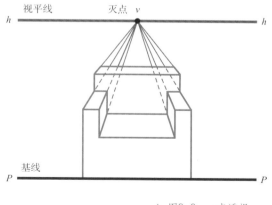

▲ 图3-3　一点透视

（2）两点透视

如图3-4所示，即画面产生两个消失的灭点，两个方向产生变形，即X、Y方向，垂直方向不产生变形，即Z方向。两点透视的画面变形较大，线条的倾斜比较大，画面效果比较生动、逼真，且画面与日常观察的情况比较相符，画面有真实感。但两点透视画法比较难，对构图的要求也高，绘制不好容易造成反透视，以及画面局部变形过大，使画面看起来比较别扭。

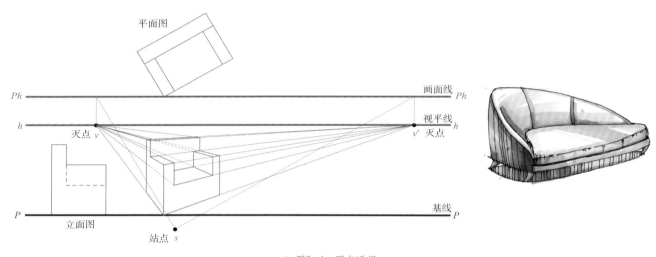

▲ 图3-4 两点透视

（3）三点透视

如图3-5所示，即画面形成三个灭点，三个方向同时产生变形。三点透视最接近人们日常的观察情况，画面非常生动、逼真。然而，三点透视画起来非常麻烦、复杂，因而应用得较少，只有在部分的建筑设计及城市设计中用到。

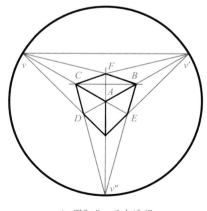

▲ 图3-5 三点透视

3.3
透视的标准画法

快速表现技法中，主要掌握两种透视的画法即可，即：一点透视和两点透视。

（1）一点透视

标准的一点透视，是由平面俯视图作为参照来进行绘制的。我们以一个放置在基面上的正方体为例。先确定画面上的基线 $P-P$、视平线 $h-h$ 与站点 s，灭点 v 的位置即是站点与视平线垂直相交的视点。从平面图中物体在画面线上的两个端点 A 点、B 点垂直引辅助线与画面中的基线相交于 a 点和 b 点，确定立方体的长。以 ab 线为底边绘制一个正方形 abb_1a_1。然后，由 a_1、b_1、b 三个点向灭点引出边线的透视方向。从站点 s 引与 C 点和 D 点的连线，与画面线 $Ph-Ph$ 相交于 c' 点和 d' 点。由 c' 点和 d' 点引垂直线与 a_1、b_1 的透视线交于 c_1、d_1。连接 c_1、d_1，再从 d_1 垂直画线与 b 的透视线相交于 d，连接各点，便得到这个立方体的透视（图3-6）。

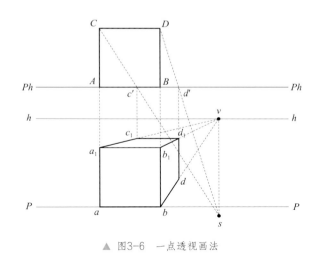

▲ 图3-6　一点透视画法

（2）两点透视

绘制两点透视时，同样先确定基线 $P-P$、视平线 $h-h$ 与站点 s 的位置，然后确定灭点。标准的透视画法是根据俯视图中物体与画面所成的角度来确定灭点的位置——由站点引两条平行于物体边线的直线与视平线相交的两点

v_1和v_2，即是物体两端的灭点位置。因为站点与物体左右的位置关系会决定看到形态的不同，这里我们将以站点与物体真高线处于同一垂直线上来举例。物体的真高线是与画面重合的边线，因此是没有透视的，是物体的真实高度。图3-7中，aa_1就是立方体的真高线。由真高线两个端点分别向灭点引出透视线。从站点s引出与B、D两点的连线与画面线相交于b'、d'。从b'、d'垂直画辅助线与透视方向a_1v_1、a_1v_2相交于b_1和d_1，以及与av_1、av_2相交于b和d。从b_1引线连接v_2，从d_1引线连接v_1相交于c_1。连接各点，得到立方体的两点透视图形。

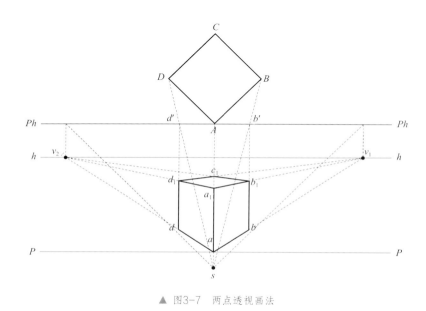

▲ 图3-7 两点透视画法

3.4
透视的快速表现与练习方式

透视是手绘设计重要的基础，训练难度较大，不易掌握。透视训练的主要目的是建立良好的透视，使绘制的作品比较美观，便于人们进行交流和沟通。透视的掌握程度要达到得心应手的程度，起笔就能画出比较准确的透视图。

（1）透视的基础训练

基础训练分为两个部分，透视画法及透视变化。透视画法就是用尺子在纸张上按照透视的画法进行训练，主要是加深对准确透视的理解和认识。然后，进行透视变化训练，如图3-8所示，在A3的纸张上绘制5×7的立方体透视，总共有35个立方体，就形成35个不同的透视角度，囊括了日常使用的透视类型。练习时，可以先用尺子绘制一张规整的透视图，然后参照此图进行徒手绘制训练，如图3-8所示。

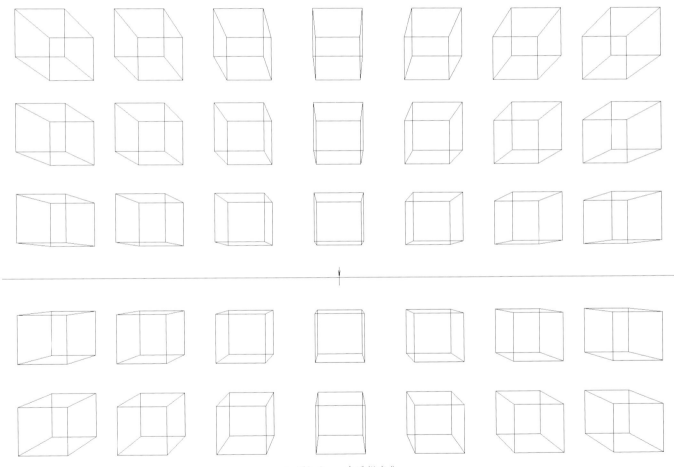

▲ 图3-8 一点透视变化

（2）透视的强化练习

当透视训练达到一定程度，有了透视感觉以后，就可以进一步巩固对透视的感觉。如图3-9所示，以几何体的透视为训练目标，对单体几何体和组合几何体进行徒手透视训练。练习时，可以从简单的几何体开始，进而演变到复杂几何体，以及组合几何体。

（3）透视的运用练习

透视训练到一定程度以后，为加强对透视的熟练掌握程度，进行几何体的透视切割练习。如图3-10所示，画出各种不同角度的几何体透视，然后对几何体进行切割，形成比较复杂的新的形体。进而再加深练习，将基本几何体切割出家具的形制，为以后家具手绘做准备，如图3-11和图3-12所示。

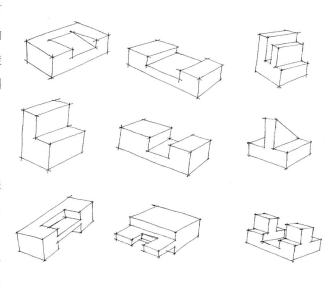

▲ 图3-9　几何体透视

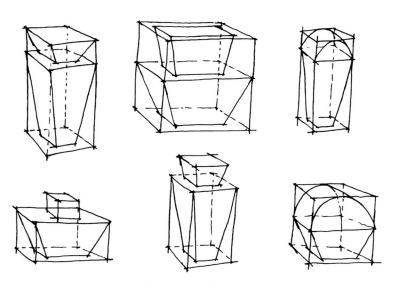

▲ 图3-10　几何体切割

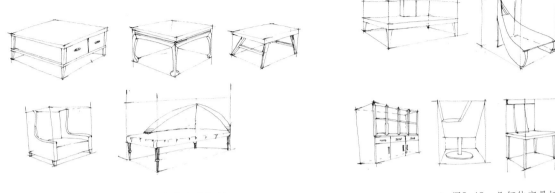

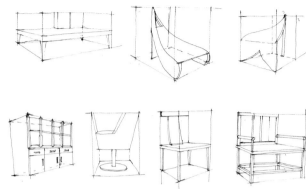

▲ 图3-11　几何体家具切割　　　　　　　　　　　▲ 图3-12　几何体家具切割

（4）透视的控制练习

透视训练到一定阶段以后，开始学习控制透视的各种变化。如图3-13和图3-14所示，以成角透视为例，以中间的透视为基准，称为5/5的透视，即左右面的透视等大。然后，往左边渐变出去，左边的透视面逐渐减小，右边的面逐渐增大，形成4/6、3/7、2/8、1/9的透视。往右边逐渐变化出去，刚好形成对称形式，形成6/4、7/3、8/2、9/1的透视。这些透视角度的变化主要是控制透视两边观察面的比例大小，可以运用到以后手绘表现的构图上，针对不同的表现对象，选择不同的透视比例。训练达到一定的基础之后，可以将简单的立方体变换成家具单体，以便进一步练习各种透视角度，如图3-15所示。

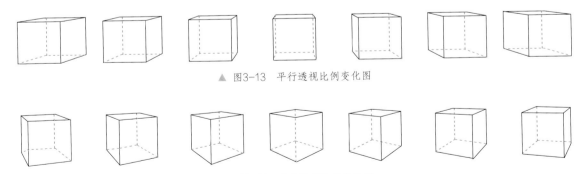

▲ 图3-13　平行透视比例变化图

▲ 图3-14　成角透视比例变化图

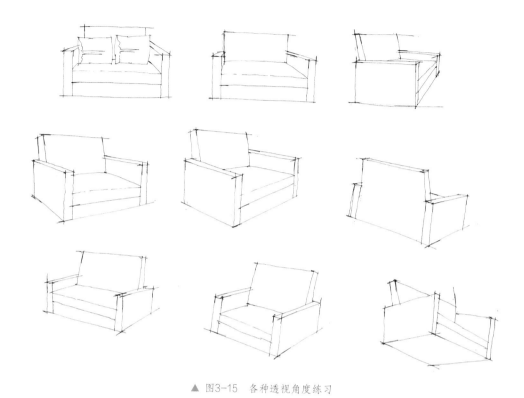

▲ 图3-15 各种透视角度练习

第四章
CHAPTER 4

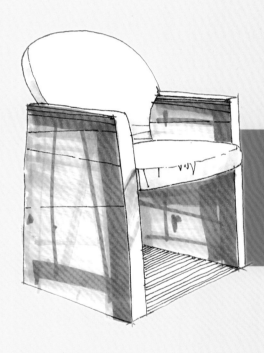

马克笔的特性
及上色技巧

4.1
马克笔的特性

马克笔是目前手绘设计常用的上色工具，以其上色速度快、色彩丰富、层次多样、快干、携带方便的特点，深受设计师的青睐。马克笔的笔头形式多样，可以画出粗、中、细不同宽度的线条以及各种形式的点。马克笔还可以通过各种排线和叠加，画出各种不同明暗效果的色块。

马克笔的种类多样，按溶剂类型大致可以分为三类：水性、油性、酒精性。常用的马克笔品牌也很多，如COPIC、Touch、STA等。不同类型的马克笔的特性也有所不同。如，水性马克笔的色彩覆盖能力弱，酒精性马克笔的色彩不会扩散。

4.2
马克笔的笔触练习

马克笔的笔头有多种形式，笔头的大小、宽窄不一样，作用也不一样。宽的笔头一般用于块面上色，窄的笔头一般用于画线以及小面积上色。在使用宽笔头时，要注意笔头与纸面的正确接触，才能画出粗细均一的宽线条，如图4-1所示。

马克笔的使用方法与线条的练习一样，需要经过反复的练习，才能熟练掌握马克笔的性能。马克笔的练习方式主要有：点、线、色块。点的练习主要是掌握各种不同类型的点的形态绘制，如图4-2所示。线的练习主要有各种粗细不一的线条绘制，以及各种排线的运用，如图4-3所示。色块上色主要是明暗变化的色彩块面练习，如图4-4所示。熟悉马克笔特性以后，就可以进行各种笔触的练习，直至熟练掌握，如图4-5所示。

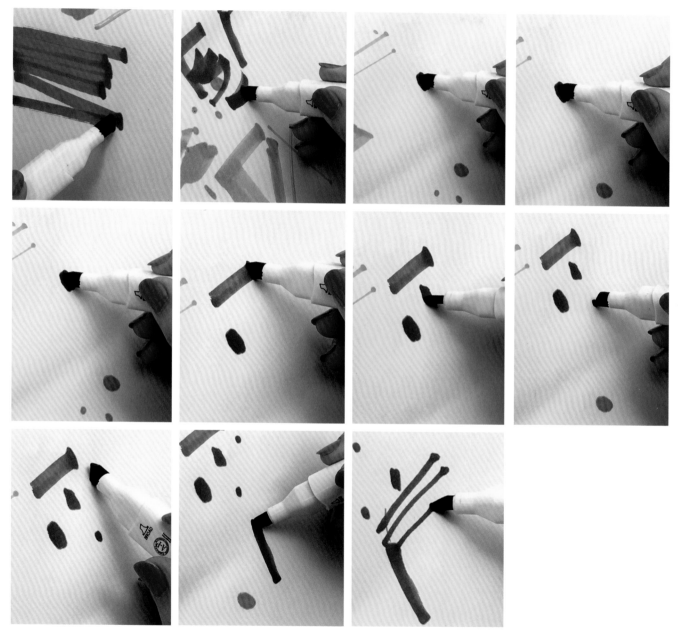

▲ 图4-1 马克笔的握笔方式

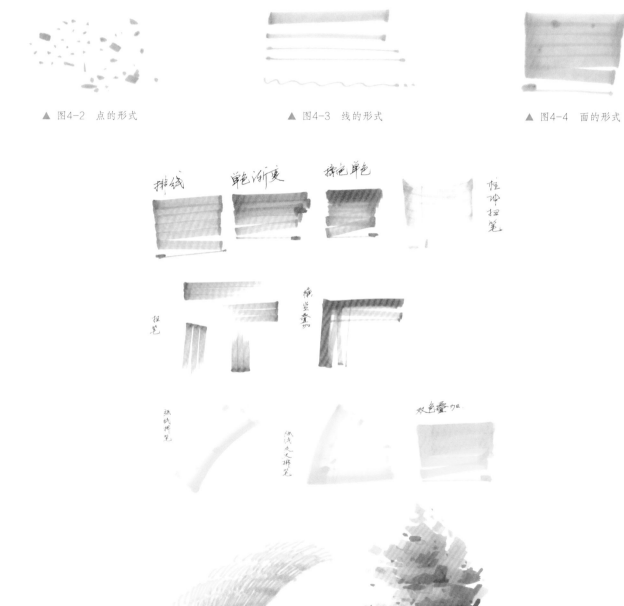

▲ 图4-2 点的形式　　　　　▲ 图4-3 线的形式　　　　　▲ 图4-4 面的形式

▲ 图4-5 马克笔的笔触练习形式

4.3
马克笔的上色技巧与练习方式

　　色彩的作用是增加手绘作品的层次感，使画面更有表现力，提高作品的美观度和艺术性，起到辅助作用。马克笔的上色原则遵循色彩规律以及物体明暗关系。上色的练习可以从简单的几何体单色练习开始，如图4-6所示。掌握色彩层次表现以后，进行几何体多色练习，如图4-7所示。最后，进行家具单色和多色练习，如图4-8和图4-9所示。

▲ 图4-6　几何体单色练习　　　　▲ 图4-7　几何体多色练习　　　　▲ 图4-8　家具单色练习　　　　▲ 图4-9　家具多色练习

第五章
CHAPTER 5

物体的明暗及
阴影的表现

5.1
物体的光影原理

物体在光源的照射下，由于受到光照作用的程度不同，物体表面及环境会产生不同的明暗关系。如图5-1所示，球体和立方体在同一光源的作用下，形成不同形式的光影。一般情况下，物体的明暗分为三大面，即暗面、灰面、亮面；以及五个层次，即高光、亮面、明暗交界线、暗面、环境反光。

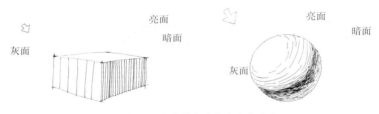

▲ 图5-1 立方体和球体的明暗关系

物体的明暗关系除了与自身的形态有关系以外，与照射的光源类型也有密切的关系。在日常生活中，光源的类型一般分为点光源和平行光源，如图5-2、图5-3所示。光源的数量也有单光源和多光源之分。在手绘的表现过程中，为提高表现速度，通常采用单向平行光源照射形成的明暗关系。

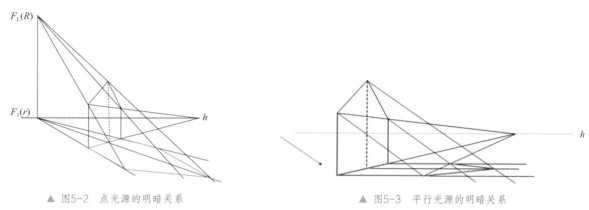

▲ 图5-2 点光源的明暗关系　　　　　　　▲ 图5-3 平行光源的明暗关系

5.2
光影表现的基本方式

以平行光为例，分析物体投影的计算方法。如图5-4所示，几何体在平行光的照射下，根据透视原理，计算出物体的明暗关系以及对环境的投影分析。

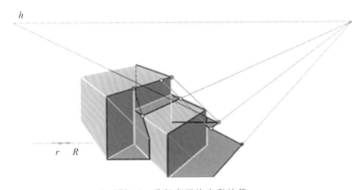

▲ 图5-4　平行光源的光影计算

在手绘设计中，为提高表现速度，丰富画面的层次性，光影的表现通常为简化的形式。在表现中，需要注意两个方面。

（1）画面明暗的层次

对于画面整体而言，光影表现需要有一定的层次关系，这样画面的艺术性及观赏性就会大大提高。光影的基本层次可以分为三层：暗、灰、亮，如图5-5所示，桌子以简单的三个层次进行表现，灰面或暗面的明暗层次都均一，这是画面的基本模式。对于有一定手绘经验的设计师，可以在此基础上将暗面的明暗关系进一步细分，分成暗面及环境反光面，这样画面的层次感提高，如图5-6所示。如若要增加画面美观性，可以在灰面进行再次细分，以提高画面的层次感。

▲ 图5-5 桌子三个层次光影表现

▲ 图5-6 椅子四个层次光影表现

（2）光影表现的虚实关系

物体的阴影部分表现既不要过分均匀，也不要将暗面表现过密。在表现的时候注意阴影表现的虚实变化，如图5-7所示。

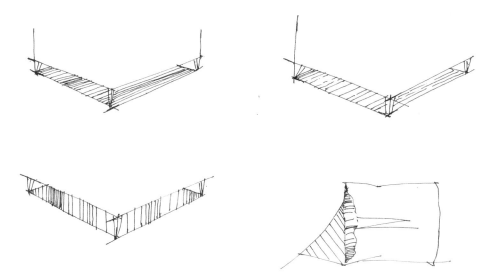

▲ 图5-7 椅子光影表现的虚实关系

5.3
光影的表现方式和练习方法

　　光影表现方法有很多，视个人的喜好而定。通常情况下，光影采用排线疏密形式来表现。如图5-8所示，为一般光影排线的方式。排线方式掌握以后，就可以在家具线稿上表现阴影，如图5-9所示。

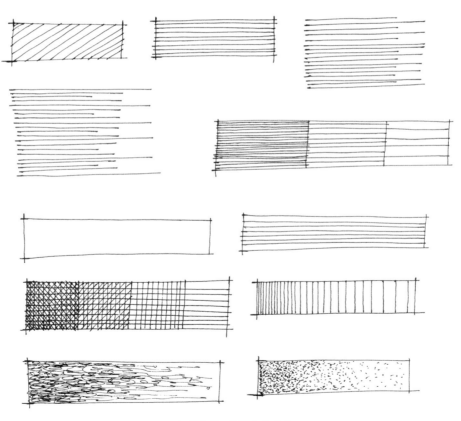

▲ 图5-8　光影排线方式

▲ 图5-9　光影排线的运用

第六章
CHAPTER 6

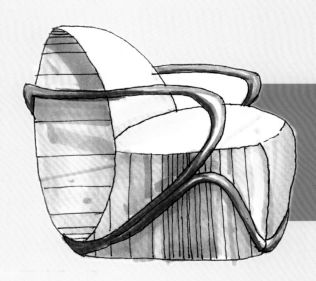

材质表现

6.1
材质的构成

　　材质是物体表面属性的总称，反映材料的视觉属性。每一种材料的表面特征都不一样，表现出的材质特征也不一样，这是由于材质的物体固有属性以及加工方式共同作用的结果。材质的固有属性是每一种材料所特有的，反映材料的物理特征，如金属、木材、玻璃等都不一样。加工特征是指材料因加工方式而产生的外部特征，反映的是材质的视觉属性，如图6-1所示，木材在径切、纵切、斜切的加工方式下，显示出不同的纹理特征。相同的木质材料在油漆与不油漆情况下，所表现的外部特征也不一样。玻璃在不同加工方式下，也会形成不同的材质，有磨砂玻璃、透明玻璃、彩色玻璃、冰裂玻璃等。

▲ 图6-1　木材纹理

6.2
材质的属性特征

　　材质由多方面要素综合构成，表现出三个方面的特征：色彩、纹理、光泽度。

（1）色彩

材质的色彩是物体本身与环境的综合反映，由三个方面构成：光色、环境色、固有色。

光色是指灯光的颜色，它会与物体本身的颜色进行混合，对物体外在的颜色产生影响。在手绘设计中，为了简化表现，通常不考虑灯光的颜色，将灯光颜色默认为白色。

环境色是指家具所处环境色彩的状况，是在光照条件下，环境对物体的反射而形成的，也就是环境反光。通常情况下，环境色只影响到物体的阴影部分，不会对受光部分产生影响，表现时，会在物体反光部分添加周围环境色。

物体固有色是物体本身的色彩，受光照和环境反射的影响。如图6-2和图6-3所示，物体在受光的情况下，随着光照角度的变化，物体本身颜色也在随之改变。当照射角度为45°时，物体颜色表现为固有色。随着光照角度变大，物体的颜色变亮，直至出现高光点，表现为光色。反之，光照角度减小，物体颜色变暗，直至角度为零时，颜色开始转变为阴影。在阴影部分，物体的颜色还受到环境色反射的影响，略带少量的环境色。因此，在手绘表现时，物体的颜色在高光色、本色、暗色之间渐变。

▲ 图6-2　固有色与光照角度的关系

▲ 图6-3　物体色彩渐变

（2）纹理

纹理是指材料表面的纹样、肌理。材料的纹理取决于材料自身的特点以及加工方式。有些材料的纹理比较复杂，有些则很简单。相同的材料在不同的加工方式下，表面的纹理也不一样，如图6-4所示，木材在不同的切削方式下，呈现出不同的纹理。

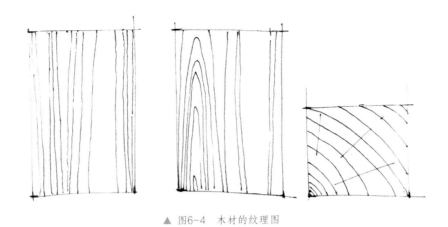

▲ 图6-4　木材的纹理图

（3）光泽度

光泽度是材料表面平整度的反映，是材料表面感光强弱的表现。表面平整的材料表现出较强的光反射，容易形成高光点或高光面，色彩的反差大，同时对周围环境的反射也很清晰，如不锈钢、油漆木材、抛光石材等。反之，表面越粗糙，越容易在表面形成漫反射，表面没有高光点或面，色彩比较柔和，不会对周围环境进行反射，如磨砂玻璃、布料、磨砂金属等。

在手绘表现中，材质的光泽度表现为两个方面：

① 光泽度越高的材料，表面越容易形成高光，且色彩变化大；

② 光泽度越高，对环境的反射越清晰。

如图6-5所示，从左到右，材料不同，光泽度逐渐加强。

▲ 图6-5　材料光泽度的表现

6.3
材质的表现方式和练习方法

在手绘设计中，材质的表现是分阶段的。线稿部分完成材质的纹理及环境反射，上色部分深化材质的色彩及光泽度。通常情况下，材质表现分为三部分：纹理、色彩、光泽度。如图6-6所示，以大理石材料为例，先用细线按照大理石的特征绘制纹理，接着用高光色彩对大理石进行上色，再用大理石本色对材料上色，注意形成色差，最后用深色使材料加大表面色彩对比，表现材料的光泽度。

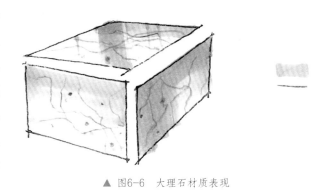

▲ 图6-6　大理石材质表现

6.4
常用材料的材质表现

（1）木材

木材是家具设计中最常使用的材料。在实际设计中，木材表面的光泽度分为高光和亚光两种。木材的纹理大致呈：同心圆纹、直线纹、山形纹。表现时，分为四步。

第一步，纹理。用细的虚实线根据木材的纹理进行绘制，注意纹理不要过于规整和对称，如图6-7所示。

　　第二步，上色。先用高光色（灰褐色或浅土黄色）对形体进行上色，注意马克笔的排笔要与木材纹理方向一致，上色不要过于均匀，要形成色差。然后，用木材本色进行上色，注意要形成色差，同时留出高光区域，如图6-8所示。

　　第三步，光泽度。用较深的木材色采用垂直方式勾画出环境投影，如图6-9所示。亚光的木材材质就不用表现光泽度。

　　第四步，各种色彩木材材质的表现，如图6-10所示。

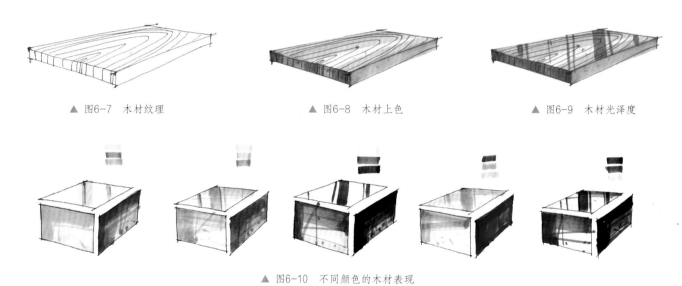

▲ 图6-7　木材纹理　　　　　　　▲ 图6-8　木材上色　　　　　　　▲ 图6-9　木材光泽度

▲ 图6-10　不同颜色的木材表现

（2）金属

　　金属材质一般分为亚光和高光材质。亚光金属材质一般使用浅的冷灰色进行上色，高光区域面积很大，整体色调比较柔和，没有周围环境的反射，如图6-11所示。高光金属材质的表现比较复杂。高光金属表面色彩差异较大，亮的部分为白色，暗的部分接近黑色，高光点或面比较明显，表面反射的冷暖色彩对比强烈，对周围环境的反射比较清晰，如图6-12所示。手法表现时应注意：

 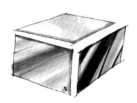

▲ 图6-11　亚光金属材质　　　▲ 图6-12　高光金属材质

① 用淡冷色对金属本色区域进行上色，注意高光区域留白；

② 用深的冷色以线或点的方式绘制投影和金属的光泽；

③ 在投影部分适当加入一些暖色反射。

（3）玻璃材质

在家具设计中，玻璃的材质主要有两种：磨砂玻璃和透明玻璃。磨砂玻璃的表现方式和磨砂金属相近，可以参照磨砂金属的方式进行表现。透明玻璃的表现就略微麻烦一些，主要处理几个方面：透明的表现，物体的投影、反光，玻璃的边部。玻璃材质的手绘步骤为：

① 以排线的方式在玻璃形体上画出阴影的排线和反射；

② 以淡的玻璃背景颜色先进行大面积上色，注意留出反光区域；

③ 用较深的颜色以竖线或斜线的方式画出玻璃面的反射；

④ 用深的冷色绘制玻璃边缘部分，注意边缘部分明暗突变要明显，如图6-13。

▲ 图6-13　透明玻璃材质

（4）石材材质

石材在家具设计中运用较少，有天然石材和人造石材，主要用于一些家具台面设计。常用的石材主要以抛光加工为主，如大理石、花岗岩等。石材材质表现主要有几个方面：纹理、色彩和光泽度。石材材质的手绘步骤为：

▲ 图6-14　石材材质

① 用高光色对石材进行大面积上色，注意色彩要不均匀；

② 用石材本色对石材灰面及暗部进行上色，注意预留反光及高光区域；

③ 采用与石材纹理颜色相近的彩色铅笔绘制石材的纹理；

④ 用环境色勾画出石材的反射和倒影。

如图6-14所示。

（5）布料材质

布料一般用于软体家具设计，也是家具设计常用的材料。布料材质的表现相对简单一些，没有太多的反射。

布料材质的特征：

① 色彩变化比较柔和；

② 布料的图案要注意透视关系。

在表现时：

① 用细实线根据透视及布料图案勾画表面纹样；

② 用高光色对布料材质进行上色；

③ 用布料本色从暗部进行上色，色彩渐变到亮面。

如若图案不是黑白线构成，注意预留图案的位置，再用图案颜色勾画出图案，如图6-15所示。

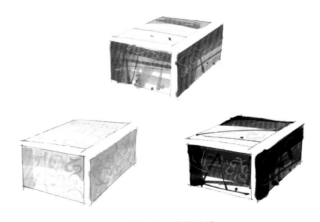

▲ 图6-15　布料材质

（6）皮革材质

皮革材料的应用主要有天然皮和人造革，也是家具设计常用的材料。皮革表面的质感分为有光泽和亚光两种。亚光皮革的表现方式与布料相似，可以参照布料材质的表现方式。有光泽的皮革材质在表现时增加高光的表现，使皮革具有较强的光感性。表现时：

① 用高光色对皮革进行大面积上色；

② 以皮革本色由暗部渐变到高光区域进行上色；

③ 用涂改液点画出皮革的高光点或线。

如图6-16所示。

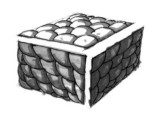

▲ 图6-16　皮革材质

（7）藤材质

藤材料在家具设计中运用较少，主要有天然藤和人造塑料藤，属于小类别材质。藤材质表现时要注意：

① 藤的编织方式；

② 色彩的渐变，高光处直接留白。

藤材质手绘步骤：

① 在线稿部分根据藤的编织方式用细实线画出藤的编织纹理，绘制时可以从暗部开始，然后逐渐递减。表现时不需要将所有的编织纹理表现出来，适当预留一些空白，形成虚实对比；

② 用高光色从暗部对藤材料进行上色，注意高光区域直接留白；

③ 以藤的本色从暗部进行上色，渐变到高光区域。

如图6-17所示。

▲ 图6-17　藤材质

第七章

线稿的表现

7.1
手绘线稿表现的类型

手绘设计的目的在于表现无形的设计构思，利用图形将设计进行视觉化。根据不同的设计目的和设计阶段，手绘设计的表现形式也不同。手绘设计大致有三种不同的表现类型：概念设计稿、设计表现稿、资料收集手绘稿。

（1）概念设计稿

概念设计稿主要用于设计的初级阶段，目的是寻求设计的方向，探求设计的可能性，以最快的形式表现出尽可能多的概念设计，并从中选择合适的概念设计草图进行设计深化。概念设计要求快速、比例尺度准确、设计重点突出、概念形式明确，设计细节可以忽略。如图7-1所示，以准确的透视、合理的比例尺度，将家具设计的形态和构造重点表达出来，探求新中式家具设计概念。

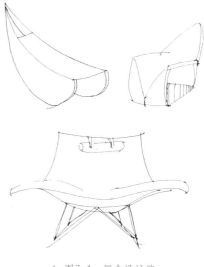

▲ 图7-1 概念设计稿

（2）设计表现稿

设计表现稿用于设计的中期，是对概念设计稿的深入和细化，将概念设计草图转变成可实施的设计方案。所以，概念设计稿表现要求比较精细、比例尺度准确、设计细节表达清晰、设计形式多样，通常会形成表现套图，相当于手绘效果图。如图7-2所示，通过一套手绘设计组图，将家具概念设计方案变成实施的设计图。

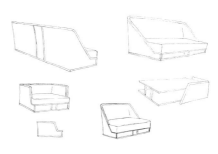

▲ 图7-2 设计表现稿

（3）资料收集手绘稿

资料收集手绘稿有助于设计师建立自己的设计资料库，对于设计师灵感来源起到很大的帮助作用，对于成长中的设计师也非常有益。资料收集手绘稿的运用方式有很多：涉外专业考察中所接触到的设计元素；资料查阅所感兴趣的设计；日常生活中所触及的点滴；突然间的灵感闪现等。资料收集手绘稿的形式多样，主要根据自己的喜好和方式，可整体、可局部、可详细、可粗略，可以是一个造型，也可以是一个图案。如图7-3所示，为作者的云南丽江考察手绘稿。

▲ 图7-3 丽江考察手绘稿

7.2
手绘线稿表现的内容

手绘线稿是手绘的第一步，也是设计的起点。线稿绘制的质量直接影响到手绘设计作品的效果，是手绘表现成功与否的关键环节。因此，在进行绘制前先构思好，然后再进行表现，避免重复绘图。手绘表现需构思的内容较多，主要有：构图、线条的运用、比例与尺度、明暗、层次性（主次关系）。

（1）构图

构图的主要目的是控制手绘稿的整体画面效果，将作品表现得更加美观。构图的主要影响因素在于视角和视高。针对不同的家具设计形式，采用不同的构图方式。构图的主要原则是突出设计重点，使画面更加美观，作品的可视度高。

① 视角的选择：视角的变化会影响到画面的观察角度，控制正、侧面的观察比例，同时也影响到透视的变形程度。在设计表现中，应将主要的设计立面作为表现的重点，减少主要立面的透视变形，以便于设计的表达和作品的观察。例如，柜类家具包括衣柜、书柜、装饰矮柜、地柜、玄关柜等，设计重点在面板部分，侧面的

设计量很少，在构图时，适合选择平行透视，或者是1/9、2/8的成角透视，如图7-4所示。桌、椅类家具包括各种座椅、沙发、书桌、餐桌、茶几等，其正面与侧面都包含重要的设计内容，表现时要兼顾正、侧面的设计表达，通常选择3/7、4/6的成角透视，如图7-5所示。床类家具的三维尺度差异比较大，而且设计的重点在于床前屏和后屏，侧面的设计内容较少，在构图时要减少床的空间深度，适合选择平行透视，或者是1/9、2/8的成角透视，如图7-6所示。

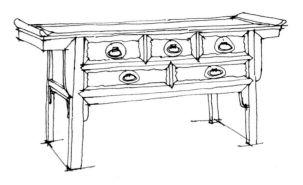

▲ 图7-4　柜类家具视角选择

▲ 图7-5　椅类家具视角选择

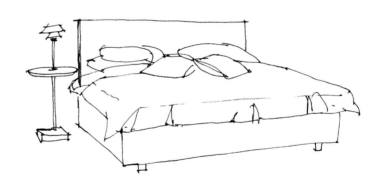

▲ 图7-6　床类家具视角选择

② 视高的选择：视高是人的观察高度，可控制顶面的可视量，同时影响画面的亲和程度。中国人的平均视高在1500mm左右，在手绘表达时，视具体的家具类型选择合适的视高。家具的高度分为两种：高于视高、低于视高。对于高度大于视高的家具，如衣柜、书柜、书架、博古架等，在表现时，视高通常会选择在家具高度的40%左右（从地面往上），这样表现出的家具图形上面部分比下面部分变形大，线条的倾斜度大，画面就会显得比较稳定，效果较好。如图7-7所示，衣柜的高度为2100mm，那么视高为2100×0.4=840mm。而对于家具高度比视高小的家具，如椅子、桌子等，表现时，视高为家具高度的120%或等高，这样画出的图形就不会显得俯视度大，画面也显得亲和一些。如图7-8所示，椅子的高度为1200mm，那么视高可以定为1200mm或者1440mm。

▲ 图7-7 衣柜视高选择

▲ 图7-8 椅子视高选择

对于套装家具设计表现，其构图原则与上面的方式一样，区别在于以套装家具中的主体对象作为参照进行构图。如在客厅套装家具表现时，通常以三人沙发为主体进行构图，绘制沙发、茶几，如图7-9所示。在卧室套装家具表现时，以床为参照进行构图，绘制床、床头柜等，如图7-10所示。

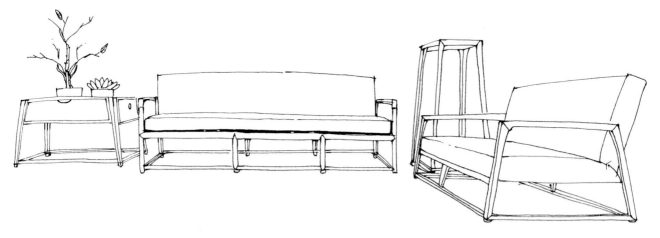

▲ 图7-9 客厅成套家具

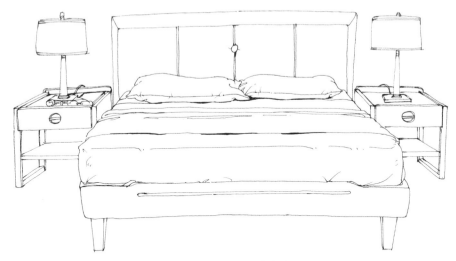

▲ 图7-10　卧室成套家具

（2）线条的运用

　　在线条练习章节里面，讲述了线条的视觉特征，如虚实、软硬、轻重等变化。对于不同的家具类型，选择不同的线条进行表现，不仅可以贴切地表达家具的视觉特征，还会使画面有层次变化，增加画面的观赏效果。例如，沙发、皮革等软体家具本身棱角不分明，面与面之间的过渡比较柔和，对光的漫反射使家具整体看上去比较柔和，这类家具的表现应采用以软虚线为主、硬线为辅的表达方式，如图7-11所示。在线稿表达时，切勿采用单一的线条运用，这样会使手绘作品显得生硬。

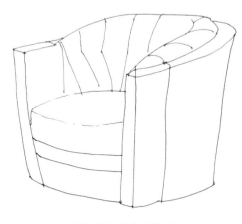

▲ 图7-11　软体家具手绘

（3）比例与尺度

　　比例与尺度是家具设计的重要内容，直接体现家具的使用功能。手绘线稿设计不能太过于随意，表达时一定要遵循严格的比例与尺度，这样的概念设计作品才具有现实意义。

（4）明暗

明暗可以增加作品的层次性，增强作品的立体空间感，便于对手绘设计进行评估与分析。明暗的表达在阴影章节已经详细分析，可参照前面章节。

（5）层次性（主次关系）

层次性是指线稿表达的细致程度。为了突出手绘设计表达的重点，通常对设计重点部分进行细致的表达，而对于辅助部分则进行适当的缩略，使画面整体形成虚实对比，主次分明。

7.3
手绘线稿的练习参考作品

手绘线稿表现需注意几个方面：

① 线稿的整体透视要比较合理，注意进行全局把控；

② 家具整体和局部的尺寸与比例要与实际设计相当；

③ 家具的构成要合理，结构方面的表达要准确；

④ 线条的运用要有层次变化，注意粗细、虚实相结合；

⑤ 阴影部分的表现要注意光源的类型和方向，排线表达时要注意疏密变化。

如图7-12～图7-27所示。

▲ 图7-12　线稿作品

▲ 图7-13　线稿作品　　　　　▲ 图7-14　线稿作品　　　　　▲ 图7-15　线稿作品

▲ 图7-16　线稿作品　　　　　▲ 图7-17　线稿作品　　　　　▲ 图7-18　线稿作品

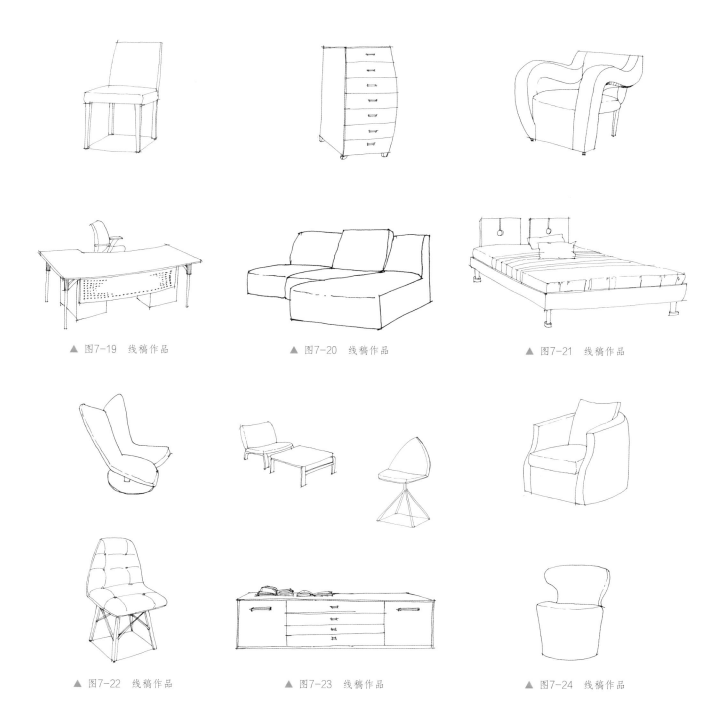

▲ 图7-19　线稿作品　　　　▲ 图7-20　线稿作品　　　　▲ 图7-21　线稿作品

▲ 图7-22　线稿作品　　　　▲ 图7-23　线稿作品　　　　▲ 图7-24　线稿作品

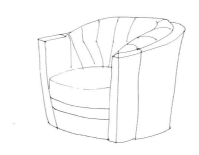

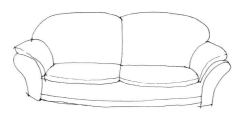

▲ 图7-25 线稿作品

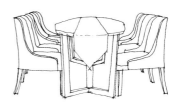

▲ 图7-26 线稿作品

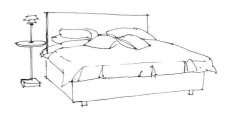

▲ 图7-27 线稿作品

第八章
CHAPTER 8

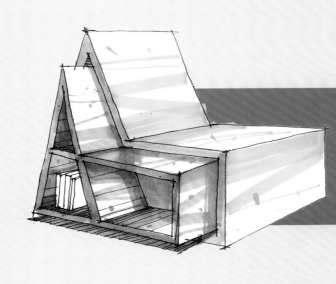

家具手绘表现
步骤

8.1
家具设计手绘线稿表现步骤

　　线稿的绘制重点在于起笔，起笔的好坏直接影响到手绘进展的难易程度，以及后续的绘制顺序。起笔的目的在于确定手绘的透视方向和透视比例。起笔的顺序没有固定的模式，可从左到右、从右到左、从上到下、从前到后等。通常，以家具前端且对家具起着重要作用的点开始。起笔之后，顺着线稿的比例和透视方向依次扩展，形成整体家具线稿的绘制，如图8-1~图8-8所示。

　　步骤1：以椅子左边前腿为定位起笔，画出前腿正面线稿。

　　步骤2：用坐面下沿木质横档确定横向透视和比例，画出坐面的透视线稿。

　　步骤3：绘制右边前腿部分表现线稿，注意腿部上下两端和前腿的透视关系。

　　步骤4：依据透视的比例和方向绘制靠背部分的透视外轮廓，注意弧线的表达。

▲ 图8-1　家具设计手绘线
稿表现步骤1

▲ 图8-2　家具设计手绘
线稿表现步骤2

▲ 图8-3　家具设计手绘
线稿表现步骤3

▲ 图8-4　家具设计手绘线
稿表现步骤4

步骤5：依据整体的透视角度绘制椅子后腿线稿，注意与靠背的结合方式。

步骤6：根据软包纽扣的分布，先点画出它们的位置，再用短弧线绘制靠背细节部分。

步骤7：绘制坐垫软体细节部分，注意采用软线的形式表达，同时勾画出软体的褶皱。

步骤8：采用横向透视方向绘制地面投影及靠背阴影，注意疏密变化。

▲ 图8-5　家具设计手绘
线稿表现步骤5

▲ 图8-6　家具设计手绘
线稿表现步骤6

▲ 图8-7　家具设计手绘
线稿表现步骤7

▲ 图8-8　家具设计手绘
线稿表现步骤8

8.2
家具设计手绘上色表现步骤

马克笔的上色一般从重点的地方下笔，依次扩展到其他的部位。每一个部分的上色顺序为由浅到深，如图8-9~图8-14所示。

步骤1：用浅蓝色的马克笔由暗部向亮部渐变上一层基本色彩，注意预留高光部分以及软包部分的弧形形态。

步骤2：用浅蓝色马克笔叠加一层，形成层次以及软包凹凸的形态感。同时，用浅棕色对椅腿部分上一层基本色，注意色彩层次及预留高光部分，以及软包部分的弧线形态。

步骤3：用深棕色对木质部分进行叠色，增加木质部分的层次感和真实感。

▲ 图8-9　家具设计手绘上色表现步骤1　　▲ 图8-10　家具设计手绘上色表现步骤2　　▲ 图8-11　家具设计手绘上色表现步骤3

步骤4：用冷灰色马克笔进行阴影上色，形成基本的明暗，上色时注意层次变化。

步骤5：用冷灰色马克笔进行阴影叠色，增加阴影的层次感。

步骤6：最后两个上色方案是采用不同色彩搭配进行上色。

▲ 图8-12　家具设计手绘上色表现步骤4　▲ 图8-13　家具设计手绘上色表现步骤5　　▲ 图8-14　家具设计手绘上色表现步骤6

8.3
家具设计手绘快速表现步骤的参考作品

（1）实木软包休闲椅手绘表现步骤

① 实木软包休闲椅手绘线稿表现步骤，如图8-15~图8-20所示。

步骤1：以椅子坐面作为表现的分界线，分为上下两个部分。起笔画出坐面两个方向的透视，并估计出尺寸，然后画出靠背的轮廓线。

步骤2：顺延坐面的透视方向，勾画出坐面和靠背的整体轮廓。注意右边轮廓线表现的是有软包厚度的弧度线。

步骤3：在椅子上半部分的轮廓线内，先点出纽扣点的分布位置，然后以短弧线的形式勾画出软包的形态。至此，基本完成座椅上半部分的线稿表现。

▲ 图8-15　实木软包休闲椅手绘线稿
表现步骤1

▲ 图8-16　实木软包休闲椅手绘线稿
表现步骤2

▲ 图8-17　实木软包休闲椅手绘线稿
表现步骤3

步骤4：表现家具下半部分的线稿时，注意家具各部件的透视位置。先表现左右前腿的正面线稿，然后表现左侧后腿的外部线稿。

步骤5：表现各种支撑的线稿，再把椅腿深度方向线稿表现出来。最后，表现右侧后腿的线稿。

步骤6：绘制家具的投影和阴影。

▲ 图8-18　实木软包休闲椅手绘线稿
表现步骤4

▲ 图8-19　实木软包休闲椅手绘线稿
表现步骤5

▲ 图8-20　实木软包休闲椅手绘线稿
表现步骤6

② 实木软包休闲椅马克笔上色顺序按照由浅到深、由主到次的原则，如图8-21~图8-27所示。

步骤1：用浅咖啡色的马克笔在侧面暗部上一层基本色彩，注意预留高光部分以及软包部分的弧线形态。

步骤2：用咖啡色的马克笔叠加一层，形成层次。叠加时，注意上色的面积要比原来小，以形成色彩的过渡。至此，基本完成软体部分的上色。

步骤3：用WG3的马克笔对椅子的腿部进行上色，注意不要均匀上色。

▲ 图8-21　实木软包休闲椅马克笔上色步骤1　　▲ 图8-22　实木软包休闲椅马克笔上色步骤2　　▲ 图8-23　实木软包休闲椅马克笔上色步骤3

步骤4：用咖啡色的马克笔对椅子的腿部进行上色，增加木材的质感。上色时，从暗面上色，注意层次变化。

步骤5：用较深的棕色对木材横撑进行色彩叠加，增加层次变化。用冷灰色马克笔进行阴影叠色，增加阴影的层次感。

步骤6：用浅暖灰色马克笔对阴影上一层基本投影，再用较深的暖灰色马克笔进行叠加，形成层次变化。

▲ 图8-24　实木软包休闲椅马克笔上色步骤4　　▲ 图8-25　实木软包休闲椅马克笔上色步骤5　　▲ 图8-26　实木软包休闲椅马克笔上色步骤6

步骤7：最后两个上色方案是采用不同色彩搭配进行上色。

（2）金属软包沙发手绘表现步骤

① 金属软包沙发手绘线稿表现步骤，如图8-28~图8-33所示。

步骤1：以沙发坐面作为表现的分界线，分为上下两个部分。起笔画出正面下边沿的透视，并估计出尺寸，画出轮廓线。

步骤2：顺延坐面轮廓线，画出坐面其他方向的透视，再画出软包的厚度，注意采用软线进行表现。

步骤3：画出沙发靠背的外轮廓透视。

▲ 图8-27 实木软包休闲椅马克笔上色步骤7

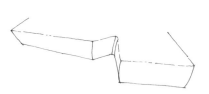
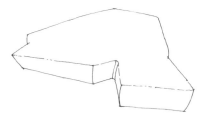

▲ 图8-28 金属软包沙发手绘线稿表现步骤1　▲ 图8-29 金属软包沙发手绘线稿表现步骤2　▲ 图8-30 金属软包沙发手绘线稿表现步骤3

步骤4：画出靠背厚度的透视线。至此，基本完成沙发上半部分的线稿表现。

步骤5：沙发家具下半部分线稿表现比较简单，采用直接落地的金属腿，但表现时要注意腿的位置和数量，确保设计比较合理。

步骤6：绘制家具的投影和阴影。

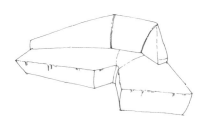
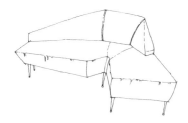
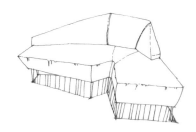

▲ 图8-31 金属软包沙发手绘线稿表现步骤4　▲ 图8-32 金属软包沙发手绘线稿表现步骤5　▲ 图8-33 金属软包沙发手绘线稿表现步骤6

② 沙发的马克笔上色顺序按照由浅到深，由主到次的原则，如图8-34~图8-37所示。

步骤1：用浅绿色的马克笔在侧面暗部上一层基本色彩，注意预留高光部分，以及软包部分的弧线形态。

步骤2：用CG3的马克笔对沙发阴影进行上色，形成基本的明暗。

步骤3：用绿色的马克笔对沙发软包叠加一层，形成层次。再用CG5的马克笔为沙发阴影进行上色，形成层次，注意不要均匀上色。

▲ 图8-34 金属软包沙发马克笔上色步骤1　　▲ 图8-35 金属软包沙发马克笔上色步骤2　　▲ 图8-36 金属软包沙发马克笔上色步骤3

步骤4：最后两个上色方案是采用不同色彩搭配进行上色。

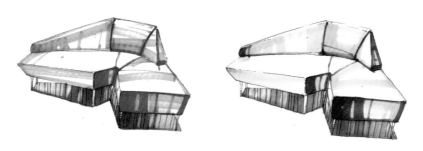

▲ 图8-37 金属软包沙发马克笔上色步骤4

第九章
CHAPTER 9

作品赏析

9.1
椅凳类家具

椅凳类家具设计是家具设计的重点内容，不仅形式变化丰富，材料运用也多样。椅凳类家具的设计是家具类型中最难的一部分。椅凳类家具的手绘表现是最难的，也是最重要的部分。

椅凳类家具进行设计表现前，需对椅凳类家具进行一定的了解，主要内容有以下几方面。

① 材料：椅凳类家具的材料运用比较丰富，主要有木材、人造板、布料、皮革、金属、玻璃等。设计手绘表现前，要先了解各种不同材料的属性和视觉特征，抓住它们的本质特征，表现时就可以比较真实。其中，木材是最常用的材料。要了解不同种类木材的色泽和纹理，同时还要了解木材在运用中的特点，切勿随意表达。

② 类型：椅凳类家具的类型非常丰富，可分为凳子、座椅、休闲椅、办公椅等。每一类椅子的构成形式都有自身的特征，要注意它们的构成形式。

③ 风格：椅凳类家具的风格大致包含四大类，中西古典家具和中西现代家具。其中，中西古典家具的差异性非常大，需要深入了解古典家具文化，表现时就不会含糊不清。特别是家具的构成形式和细部设计，需了解清楚，才能在表现时得心应手。

④ 构成形式：椅凳类家具的构成形式变化多样，包括各部件的结合方式，以及家具的结构构成。设计表现前，要了解清楚家具常用的结合方式，表现时就不至于出错。

椅凳类家具的设计手绘快速表现是家具表现的重点内容。椅凳类家具的设计表现重点、难点包括以下几方面。

① 构图：在起笔之前，需要仔细考虑椅凳类家具的主要表达内容，把表现的重点放在手绘的中心位置，形成主次分明的构图。

② 透视与尺度：椅凳类家具的构成形式比较复杂，形态也多样。在设计表达时要注意从整体上进行把控，抓住椅子的主要透视方向和整体的比例与尺度，然后再刻画细节。

③ 材料：椅凳类家具的材料运用比较多样，通常由两种以上材料构成，表现时要注意材料搭配变化形成的画面节奏。

④ 构成：椅凳类家具的构成比较复杂，表现时要交代清楚，前后、高低、上下等要表达清楚。

⑤ 细部：椅凳类家具的细部刻画也是比较重要的，在设计表现稿的运用上尤其要表达清楚，包括装饰手法、装饰纹样、构成形态等。

椅凳类家具设计如图9-1~图9-158所示。

▲ 图9-1 休闲椅

▲ 图9-2 北欧实木椅

▲ 图9-3 实木椅子

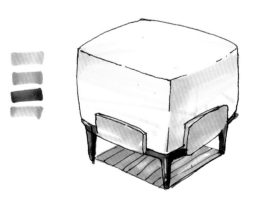

▲ 图9-4 休闲凳

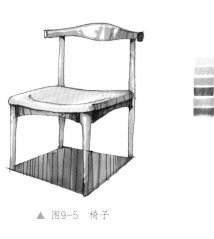

▲ 图9-5 椅子

▲ 图9-6 椅子

▲ 图9-7 椅子

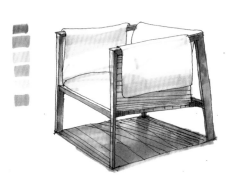

▲ 图9-8 休闲椅

▲ 图9-9 实木皮革椅

▲ 图9-10 休闲椅

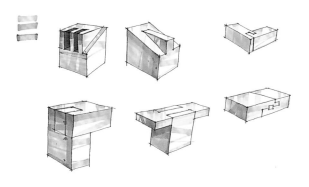

▲ 图9-11 榫卯结构

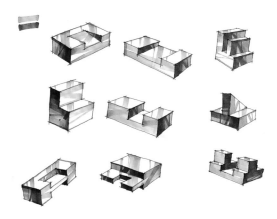

▲ 图9-12 实木榫卯结构

▲ 图9-13 椅子

▲ 图9-14 凳子

▲ 图9-15 凳子

▲ 图9-16 实木椅

▲ 图9-17 实木椅

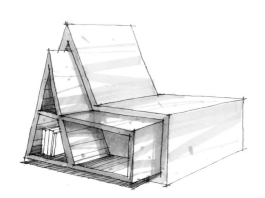

▲ 图9-18 椅子

▲ 图9-19 椅子

▲ 图9-20 新中式圈椅

▲ 图9-21 椅子

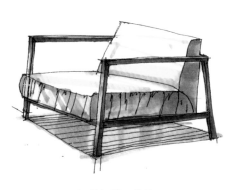

▲ 图9-22 椅子

▲ 图9-23 椅子

▲ 图9-24 椅子

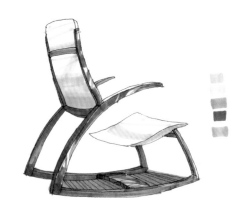

▲ 图9-25 椅子

▲ 图9-26 椅子

▲ 图9-27 新中式梳背椅

▲ 图9-28 欧式椅

▲ 图9-29 休闲凳

▲ 图9-30 休闲椅

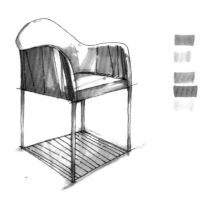

▲ 图9-31 休闲椅

▲ 图9-32 红木凳子

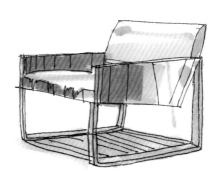

▲ 图9-33 休闲椅

▲ 图9-34 欧式椅

▲ 图9-35 红木脚凳

▲ 图9-36 红木矮凳

▲ 图9-37 休闲椅

▲ 图9-38 新中式休闲椅

▲ 图9-39 凳子

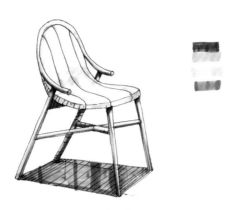

▲ 图9-40 休闲椅子

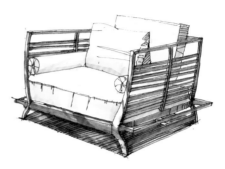

▲ 图9-41 红木单体沙发椅

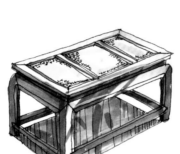

▲ 图9-42 实木矮凳

▲ 图9-43 椅子

▲ 图9-44 休闲矮凳

▲ 图9-45 椅子

▲ 图9-46 椅子

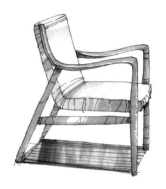

▲ 图9-47 实木椅

▲ 图9-48 休闲椅

▲ 图9-49 实木椅

▲ 图9-50 椅子

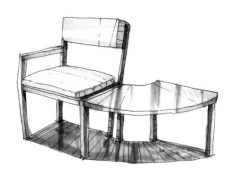

▲ 图9-51 休闲桌椅

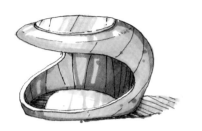

▲ 图9-52　休闲凳

▲ 图9-53　红木椅

▲ 图9-54　休闲椅

▲ 图9-55　实木休闲椅

▲ 图9-56　椅子

▲ 图9-57　椅子

▲ 图9-58 休闲椅

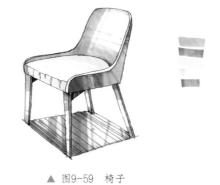

▲ 图9-59 椅子

▲ 图9-60 椅子

▲ 图9-61 凳子

▲ 图9-62 红木椅

▲ 图9-63 红木椅

▲ 图9-64 椅子

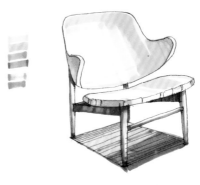

▲ 图9-65 椅子

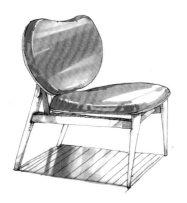

▲ 图9-66 椅子

▲ 图9-67 板凳

▲ 图9-68 椅子

▲ 图9-69 凳子

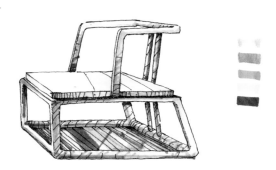

▲ 图9-70 椅子

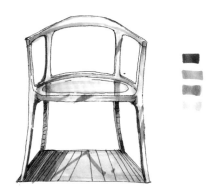

▲ 图9-71 椅子

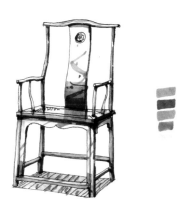

▲ 图9-72 椅子

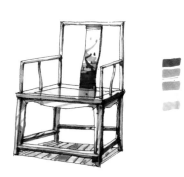

▲ 图9-73 椅子

▲ 图9-74 椅子

▲ 图9-75 椅子

▲ 图9-76 椅子

▲ 图9-77 红木方凳

▲ 图9-78 凳子

▲ 图9-79 凳子

▲ 图9-80 椅子

▲ 图9-81 凳子

▲ 图9-82 椅子

▲ 图9-83 椅子

▲ 图9-84 沙发椅

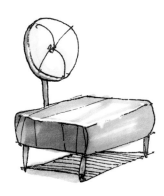

▲ 图9-85 沙发椅

▲ 图9-86 沙发椅

▲ 图9-87 沙发椅

▲ 图9-88 沙发椅

▲ 图9-89 椅子

▲ 图9-90 椅子

▲ 图9-91 椅子

▲ 图9-92 椅子

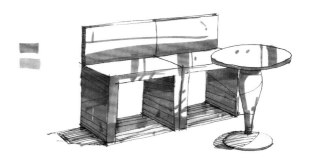

▲ 图9-93 桌椅组合

▲ 图9-94 椅子

▲ 图9-95 实木椅

▲ 图9-96 椅子

▲ 图9-97 实木椅

▲ 图9-98 椅子

▲ 图9-99 休闲椅

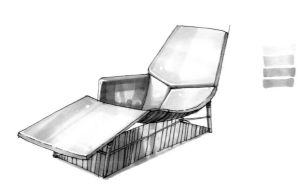

▲ 图9-100　休闲躺椅

▲ 图9-101　休闲椅

▲ 图9-102　实木椅

▲ 图9-103　休闲椅

▲ 图9-104　椅子

▲ 图9-105　凳子

▲ 图9-106 椅子

▲ 图9-107 休闲椅

▲ 图9-108 休闲椅

▲ 图9-109 椅子

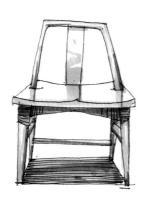

▲ 图9-110 实木凳子

▲ 图9-111 实木椅

▲ 图9-112 实木扶手椅

▲ 图9-113 休闲椅

▲ 图9-114 休闲椅

▲ 图9-115 休闲椅

▲ 图9-116 休闲椅

▲ 图9-117 实木椅

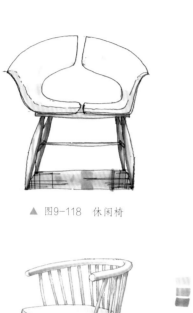

▲ 图9-118 休闲椅

▲ 图9-119 红木扶手椅

▲ 图9-120 实木椅

▲ 图9-121 休闲椅

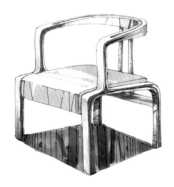

▲ 图9-122 实木椅

▲ 图9-123 实木椅

▲ 图9-124　休闲椅

▲ 图9-125　休闲椅

▲ 图9-126　休闲椅

▲ 图9-127　实木椅

▲ 图9-128　实木椅

▲ 图9-129　椅子

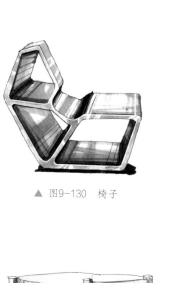

▲ 图9-130　椅子

▲ 图9-131　休闲椅

▲ 图9-132　实木凳

▲ 图9-133　休闲椅

▲ 图9-134　红木椅

▲ 图9-135　红木扶手椅

▲ 图9-136 椅子

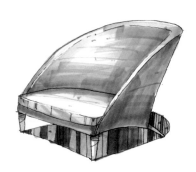

▲ 图9-137 椅子

▲ 图9-138 椅子

▲ 图9-139 欧式座椅

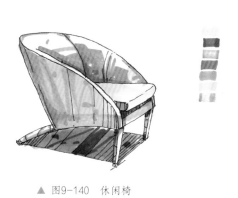

▲ 图9-140 休闲椅

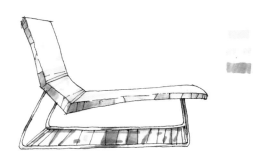

▲ 图9-141 休闲椅

▲ 图9-142 椅子

▲ 图9-143 休闲椅

▲ 图9-144 休闲椅

▲ 图9-145 实木椅

▲ 图9-146 实木椅

▲ 图9-147 椅子

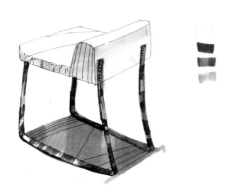

▲ 图9-148 休闲椅

▲ 图9-149 小圆凳

▲ 图9-150 椅子

▲ 图9-151 凳子

▲ 图9-152 休闲椅

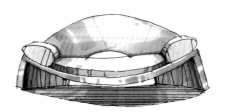

▲ 图9-153 休闲椅

▲ 图9-154 实木椅

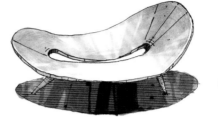

▲ 图9-155 休闲椅

▲ 图9-156 椅子

▲ 图9-157 椅子

▲ 图9-158 椅子

9.2 沙发类家具

沙发也是常用的一种家具类型。表现沙发时需了解的相关设计知识包括以下几方面。

① 材料：沙发使用的材料类型比较多样，常用的主要有木材、人造板、皮革、布艺、金属等。其中，皮革布艺类沙发和实木沙发是最常见的类型。

② 类型：沙发的类型主要有套装组合沙发和单体休闲沙发。组合沙发包括单人、双人、三人沙发。休闲沙发形式多样，有大有小，有简单有复杂，根据不同的使用场合有不同的表现形式。

③ 风格：沙发的风格包括现代风格和古典风格。现代风格的沙发比较简单，表现难度不大。欧式新古典风格沙发构成复杂，装饰丰富，表现前需深入了解欧式沙发的形态。

沙发的设计手绘快速表现的重点、难点在于以下几方面。

① 构图：在起笔之前，需要仔细考虑沙发的主要表达内容，把表现的重点放在手绘的中心位置，使画面主次分明。

② 透视与尺度：沙发的构成形式相对比较复杂，形态多样，尺度变化比较大。在设计表达时，要注意从整体上进行把控，抓住沙发的主要透视方向和整体的比例与尺度，然后再刻画细节。

③ 材料：沙发的材料运用主要是木材和软体材料，表现时要注意材料搭配变化形成的画面节奏。

④ 构成：沙发的构成相对比较复杂，表现时要交代清楚，特别是软体部分的缝合处表达。

⑤ 细部：沙发的细部刻画相对较少，在设计表现时要注意装饰手法、装饰纹样、构成形态等。

沙发类家具设计如图9-159~图9-272所示。

▲ 图9-159 欧式沙发

▲ 图9-160 沙发

▲ 图9-161 单体沙发

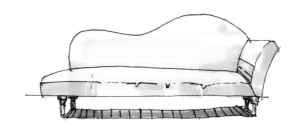

▲ 图9-162 沙发

▲ 图9-163 软体沙发椅

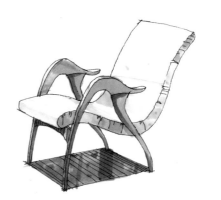

▲ 图9-164 沙发椅

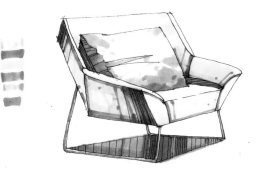

▲ 图9-165 沙发椅

▲ 图9-166 软包沙发椅

▲ 图9-167 软体沙发

▲ 图9-168 软体沙发椅

▲ 图9-169 沙发椅

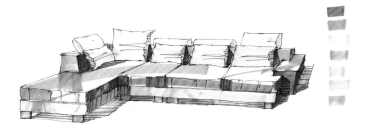

▲ 图9-170 软体沙发组合

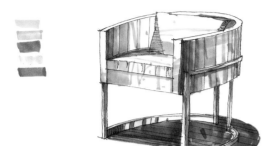

▲ 图9-171 休闲沙发椅

▲ 图9-172 休闲沙发椅

▲ 图9-173 软体沙发组合

▲ 图9-174 软体沙发

▲ 图9-175 沙发

▲ 图9-176 软体沙发

▲ 图9-177 沙发

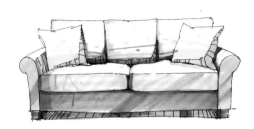

▲ 图9-178 沙发

▲ 图9-179 休闲沙发

▲ 图9-180 休闲沙发

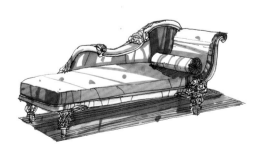

▲ 图9-181 欧式沙发

▲ 图9-182 休闲沙发

▲ 图9-183 休闲沙发

▲ 图9-184 沙发

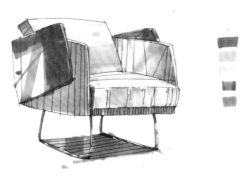

▲ 图9-185 休闲沙发

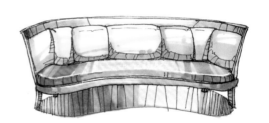

▲ 图9-186 休闲沙发

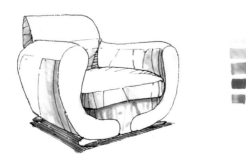

▲ 图9-187 休闲沙发

▲ 图9-188 休闲沙发

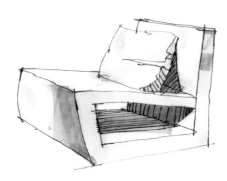

▲ 图9-189 休闲沙发

▲ 图9-190 休闲沙发椅

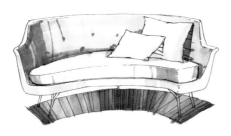

▲ 图9-191 休闲沙发椅

▲ 图9-192 休闲沙发椅

▲ 图9-193 休闲沙发

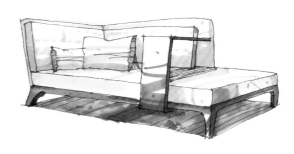

▲ 图9-194 休闲沙发

▲ 图9-195 休闲沙发

▲ 图9-196 休闲沙发椅

▲ 图9-197 休闲沙发椅

▲ 图9-198 软体沙发椅

▲ 图9-199 休闲双人沙发

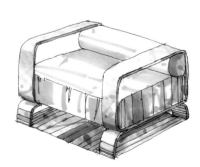

▲ 图9-200 胶板沙发

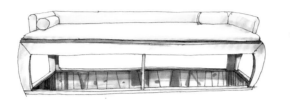

▲ 图9-201 沙发

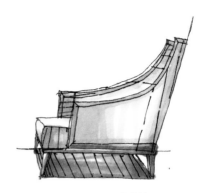

▲ 图9-202 沙发椅

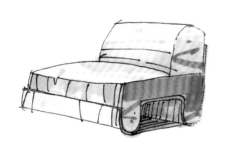

▲ 图9-203 沙发椅

▲ 图9-204 休闲沙发椅

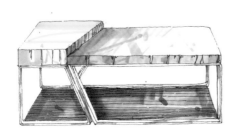

▲ 图9-205 沙发凳

▲ 图9-206 沙发椅

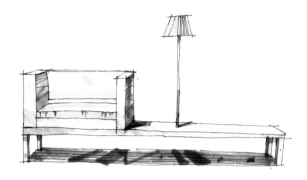

▲ 图9-207　沙发

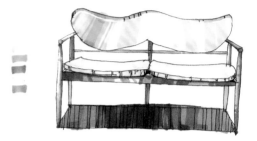

▲ 图9-208　沙发椅

▲ 图9-209　沙发椅

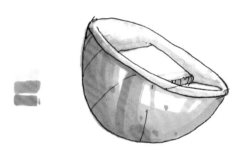

▲ 图9-210　沙发

▲ 图9-211　沙发

▲ 图9-212　沙发

▲ 图9-213 沙发椅

▲ 图9-214 沙发椅

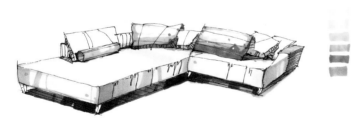

▲ 图9-215 沙发

▲ 图9-216 沙发椅

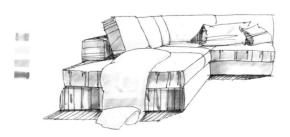

▲ 图9-217 沙发

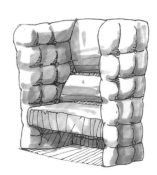

▲ 图9-218 单体沙发

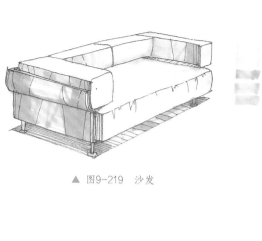

▲ 图9-219 沙发

▲ 图9-220 软体沙发椅

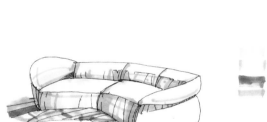

▲ 图9-221 软体沙发

▲ 图9-222 软体沙发凳

▲ 图9-223 单体沙发

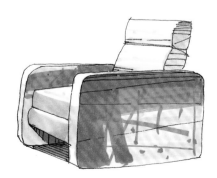

▲ 图9-224 单体沙发

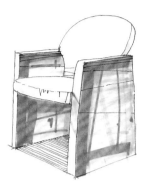

▲ 图9-225　休闲沙发椅

▲ 图9-226　休闲沙发椅

▲ 图9-227　休闲沙发

▲ 图9-228　休闲沙发椅组合

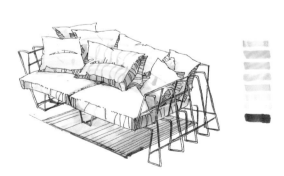

▲ 图9-229　沙发

▲ 图9-230　休闲沙发

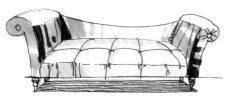

▲ 图9-231 休闲沙发

▲ 图9-232 红木沙发柜

▲ 图9-233 休闲沙发椅

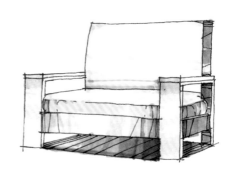

▲ 图9-234 休闲沙发椅

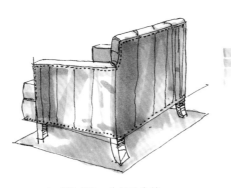

▲ 图9-235 休闲沙发椅

▲ 图9-236 软包沙发

▲ 图9-237 休闲沙发

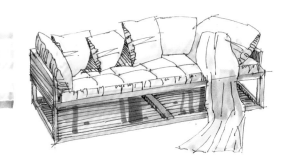

▲ 图9-238 休闲沙发

▲ 图9-239 休闲沙发

▲ 图9-240 休闲沙发

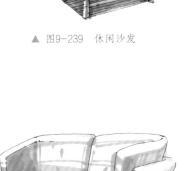

▲ 图9-241 休闲沙发

▲ 图9-242 休闲沙发

▲ 图9-243　休闲沙发椅

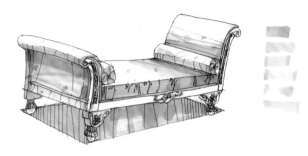

▲ 图9-244　休闲沙发

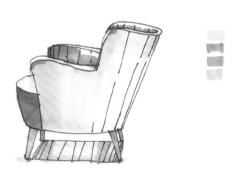

▲ 图9-245　休闲沙发椅

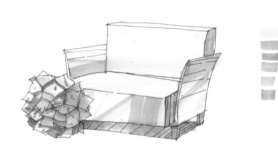

▲ 图9-246　休闲沙发椅

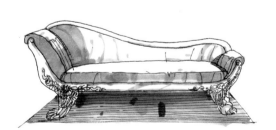

▲ 图9-247　休闲沙发

▲ 图9-248　休闲沙发椅

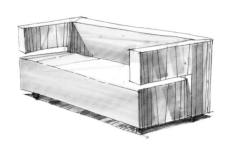

▲ 图9-249　休闲沙发

▲ 图9-250　休闲沙发椅

▲ 图9-251　休闲沙发椅

▲ 图9-252　休闲沙发椅

▲ 图9-253　休闲沙发

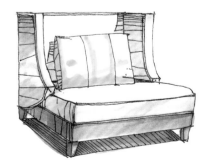

▲ 图9-254　休闲沙发椅

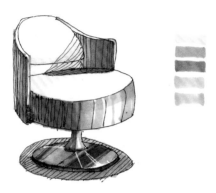

▲ 图9-255　沙发椅

▲ 图9-256　休闲沙发

▲ 图9-257　休闲沙发椅

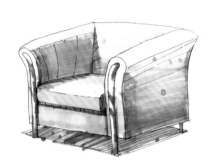

▲ 图9-258　休闲沙发椅

▲ 图9-259　休闲沙发椅

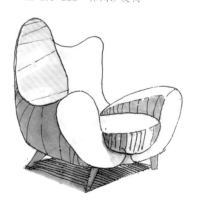

▲ 图9-260　软体沙发椅

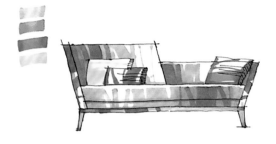

▲ 图9-261　布艺沙发立面

▲ 图9-262　皮革布艺沙发

▲ 图9-263　软体沙发

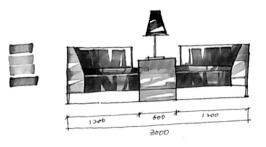

▲ 图9-264　沙发立面设计

▲ 图9-265　实木沙发椅

▲ 图9-266　现代布艺沙发

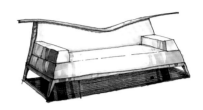

▲ 图9-267 新中式布艺沙发

▲ 图9-268 新中式皮革沙发

▲ 图9-269 新中式实木沙发

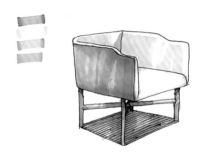

▲ 图9-270 休闲皮革沙发

▲ 图9-271 软体沙发椅

▲ 图9-272 新中式实木双人沙发

9.3
柜类家具

柜类家具的构成形式和形态相对比较简单。表现柜类家具时需了解的相关设计知识如下。

① 材料：柜类家具使用的材料类型比较单一，常用的主要有木材、人造板、金属、玻璃等。其中，木材、人造板是最常见的类型。

② 类型：柜类家具的类型主要有衣柜、书架、书柜、装饰柜、酒水柜等。柜类家具尺度形式多样，有大有小、有高有低、有厚有薄、有简单有复杂，根据不同的使用场合有不同的表现形式。

③ 风格：柜类家具的风格包括现代风格和古典风格。现代风格的柜类家具较简单，表现难度不大，通常采用块面构成。古典风格的柜类家具构成相对复杂一些，装饰丰富，表现前需深入了解柜类家具的形态。

柜类家具的设计手绘快速表现的重点、难点如下。

① 构图：在起笔之前，需要仔细考虑柜类家具的主要表达内容。通常情况下，柜类家具的主要表现内容在于正面立面，因此，表现时通常以正面表达为主。

② 透视与尺度：柜类家具的重点比较明确，尺度变化比较大。在设计表达时，要注意从整体上进行把控，抓住柜类家具的主要透视方向和整体的比例与尺度，然后再刻画细节。

③ 材料：柜类家具的材料运用主要是木材和人造板，表现时通常以硬线为主，但要注意线的粗细变化。

④ 构成：柜类家具的构成相对比较简单。

⑤ 细部：柜类家具的细部刻画相对较少，在设计表现时需注意装饰手法、装饰纹样、构成形态等。

柜类家具设计如图9-273~图9-302所示。

▲ 图9-273 柜子

▲ 图9-274 柜子

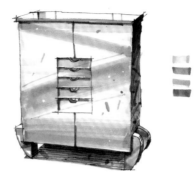

▲ 图9-275 柜子

▲ 图9-276 红木柜

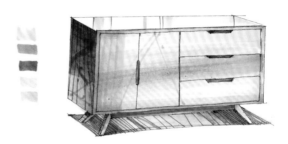

▲ 图9-277 柜子

▲ 图9-278 装饰柜

▲ 图9-279 橱柜

▲ 图9-280 衣柜

▲ 图9-281 斗柜

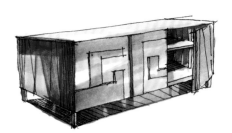

▲ 图9-282 装饰柜

▲ 图9-283 斗柜

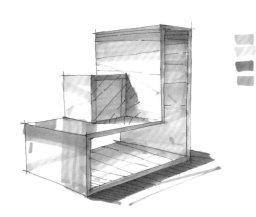

▲ 图9-284 装饰柜

▲ 图9-285 红木书柜

▲ 图9-286 收纳柜

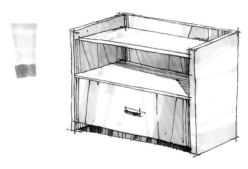

▲ 图9-287 床头柜

▲ 图9-288 衣柜

▲ 图9-289 餐边柜

▲ 图9-290 餐边酒水柜

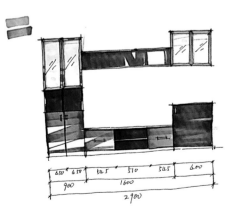

▲ 图9-291 餐边组合柜

▲ 图9-292　斗柜

▲ 图9-293　古典衣帽架

▲ 图9-294　古典装饰柜

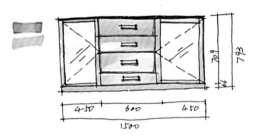

▲ 图9-295　酒水柜

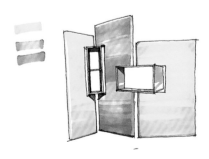

▲ 图9-296　现代屏风

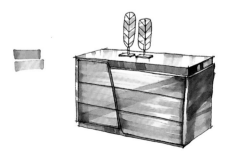

▲ 图9-297　现代装饰边柜

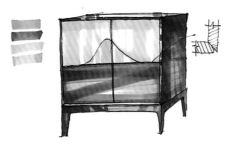

▲ 图9-298　新中式边柜

▲ 图9-299　新中式餐边柜

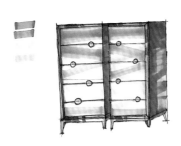

▲ 图9-300　新中式斗柜

▲ 图9-301　装饰边柜

▲ 图9-302　装饰屏风

9.4
床类家具

床类家具的构成形式和形态同样比较简单。床类家具的表现需了解的相关设计知识如下。

① 材料：床类家具使用的材料类型比较单一，常用的主要有木材、人造板、金属、软包等。其中，木材、人造板、软包是最常见的类型。

② 类型：床类家具的类型主要包括单人床、双人床、高低床、折叠床等。床类家具尺度形式多样，有大有小、有高有低、有简单有复杂，根据不同的使用场合有不同的表现形式。

③ 风格：床类家具的风格包括现代风格和古典风格。现代风格的床类家具比较简单，表现难度不大，通常采用面状构成。古典床类家具构成相对复杂一些，装饰丰富，表现前需深入了解床类家具的形态。

床类家具的设计手绘快速表现的重点、难点如下。

① 构图：在起笔之前，需要仔细考虑床类家具的主要表达内容。通常情况下，床类家具的主要内容在于床屏部分，通常以床屏为构图的主要内容。

② 透视与尺度：床类家具尺度变化比较小，有固定的国家标准。在设计表达时要注意从整体上进行把控，抓住床类家具的主要透视方向和整体的比例与尺度，然后再刻画细节。

③ 材料：床类家具的材料运用主要是木材、人造板、软包，表现时通常要注意线的软硬变化。

④ 构成：床类家具的构成相对比较简单，通常表现为床屏和床身，重点内容集中于床屏部分。

⑤ 细部：床类家具的细部刻画相对较少，在设计表现时注意装饰手法、装饰纹样、构成形态等。

床类家具设计如图9-303~图9-315所示。

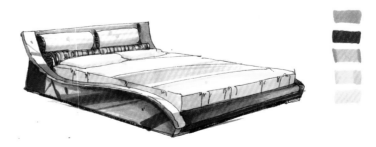

▲ 图9-303 软体床

▲ 图9-304 板式床

▲ 图9-305 欧式床

▲ 图9-306 板式床

▲ 图9-307 床

▲ 图9-308 实木床

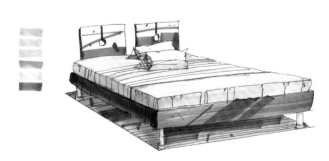

▲ 图9-309 板式床

▲ 图9-310　实木床

▲ 图9-311　实木床

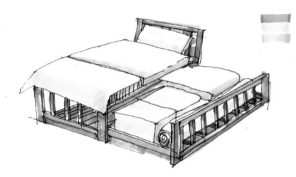

▲ 图9-312　多功能床

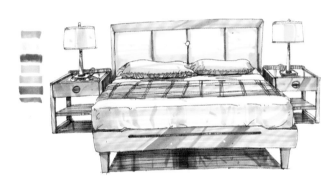

▲ 图9-313　实木床组合

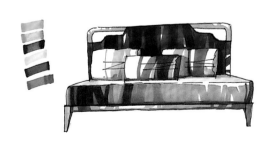

▲ 图9-314　实木床

▲ 图9-315　新中式床

9.5 桌几类家具

桌几类家具的表现需了解的相关设计知识如下。

① 材料：桌几类家具使用的材料类型比较单一，常用的主要有木材、人造板、金属、玻璃等。其中，木材、人造板、金属、玻璃是最常见的类型。

② 类型：桌几类家具的类型主要包括书桌、餐桌、休闲桌、办公桌、会议桌等。桌几类家具尺度形式多样，有大有小、有高有低、有厚有薄、有简单有复杂，根据不同的使用场合有不同的表现形式。

③ 风格：桌几类家具的风格包括现代风格和古典风格。现代风格的桌几类家具比较简单，表现难度不大，通常采用面状构成。古典桌几类家具构成相对复杂一些，装饰丰富，表现前需深入了解桌几类家具的形态。

桌几类家具的设计手绘快速表现的重点、难点如下。

① 构图：在起笔之前，需要仔细考虑桌几类家具的主要表达内容。通常情况下，桌几类家具一般以成套组合为主，以组合的形式表达。

② 透视与尺度：桌几类家具尺度变化比较大，形式多样。在设计表达时要注意从整体上进行把控，抓住桌几类家具的主要透视方向和整体的比例与尺度，然后再刻画细节。

③ 材料：桌几类家具的材料运用主要是木材、人造板、玻璃、金属，表现时通常以硬线为主，但要注意线的粗细变化。

④ 构成：桌几类家具的构成相对比较简单，通常表现为面板和支撑部分，特别注意面板的构成形式。

⑤ 细部：桌几类家具的细部刻画相对较少，在设计表现时注意装饰手法、装饰纹样、构成形态等。

桌几类家具设计如图9-316~图9-365所示。

▲ 图9-316 藕节餐桌

▲ 图9-317 新中式书桌

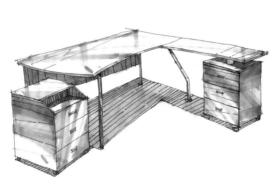

▲ 图9-318 办公桌组合

▲ 图9-319 茶几

▲ 图9-320 红木桌子

▲ 图9-321 茶几

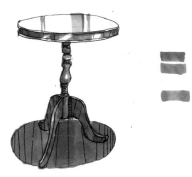

▲ 图9-322 欧式圆桌

▲ 图9-323 欧式桌子

▲ 图9-324 茶几

▲ 图9-325 茶几

▲ 图9-326 桌子

▲ 图9-327 新中式花几

▲ 图9-328 圆桌

▲ 图9-329 茶几

▲ 图9-330 圆桌

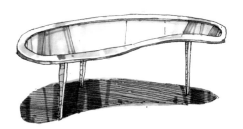

▲ 图9-331 玻璃茶几

▲ 图9-332 长桌

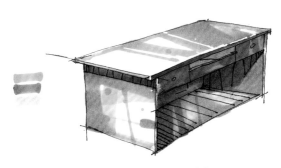

▲ 图9-333 电脑桌

▲ 图9-334 茶几

▲ 图9-335 桌子

▲ 图9-336 桌子

▲ 图9-337 茶几

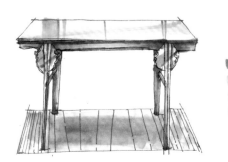

▲ 图9-338 桌子

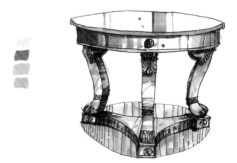

▲ 图9-339 欧式茶几

▲ 图9-340 半圆桌

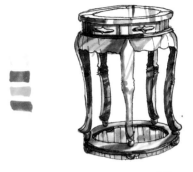

▲ 图9-341 高几

▲ 图9-342 茶几

▲ 图9-343 桌子

▲ 图9-344 平头案

▲ 图9-345 茶几

▲ 图9-346 桌子

▲ 图9-347 琴几

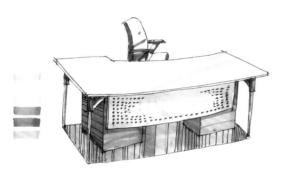

▲ 图9-348 办公桌椅组合

▲ 图9-349 实木桌子

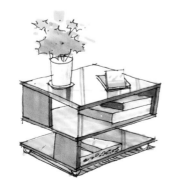

▲ 图9-350 休闲茶几

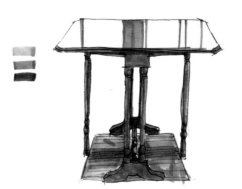

▲ 图9-351 实木茶几

▲ 图9-352 梳妆桌

▲ 图9-353 桌子组合

▲ 图9-354 方桌

▲ 图9-355 书桌

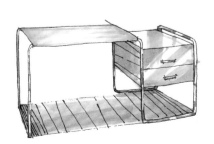

▲ 图9-356 桌子

▲ 图9-357 红木几

▲ 图9-358　圆几

▲ 图9-359　茶几

▲ 图9-360　花梨木茶几

▲ 图9-361　红木几

▲ 图9-362　方桌

▲ 图9-363　新中式案几

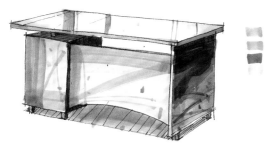

▲ 图9-364 办公桌

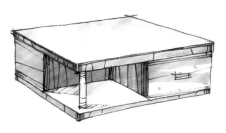

▲ 图9-365 茶几

9.6
组合家具

　　组合家具设计手绘是为家具组合整体展示而进行的表现，目的是表达整体设计效果。组合家具的表现形式非常多样，根据表现的目的有多种表现形式。主要的组合家具表现形式有民用、商用、户外公共设施等。

　　组合家具的设计手绘快速表现的重点、难点如下。

　　① 构图：在起笔之前，需要仔细考虑组合家具的主要表达内容。通常情况下，组合家具的主要内容为整体效果表现。

　　② 透视与尺度：组合家具尺度变化比较大，没有固定的形式，重点在于从整体上进行把控。

　　③ 材料：组合家具的材料运用多样，表现时通常要注意线的软硬、粗细、虚实变化。

　　④ 构成：组合家具的构成相对复杂，根据具体内容进行编排。

　　⑤ 细部：组合家具的细部刻画相对较次要，无需过细地刻画。

组合家具设计如图9-366～图9-386所示。

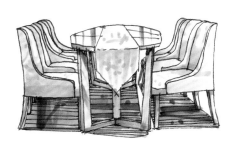

▲ 图9-366 餐桌组合

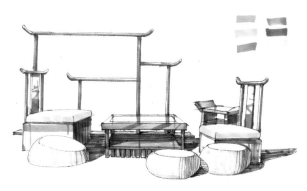

▲ 图9-367 休闲家具组合

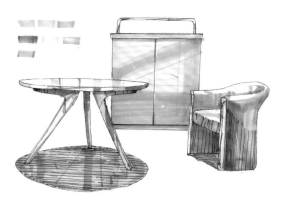

▲ 图9-368 休闲家具组合

▲ 图9-369 休闲家具组合

▲ 图9-370 休闲家具组合

▲ 图9-371 休闲家具组合

▲ 图9-372 休闲桌组合

▲ 图9-373 餐桌组合

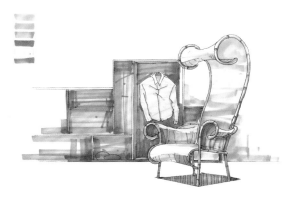

▲ 图9-374 休闲家具组合

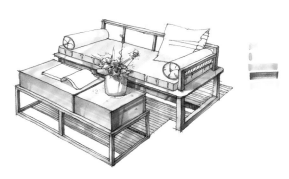

▲ 图9-375 沙发组合

▲ 图9-376 沙发组合

▲ 图9-377 休闲家具组合

▲ 图9-378 凳子组合

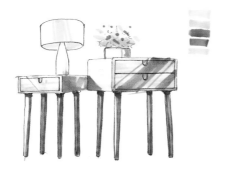

▲ 图9-379 储物柜组合

▲ 图9-380 休闲沙发组合

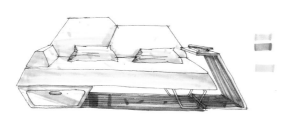

▲ 图9-381 多功能沙发组合

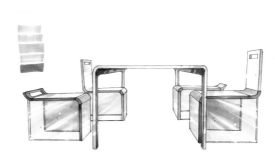

▲ 图9-382 休闲桌椅组合

▲ 图9-383 储物柜组合

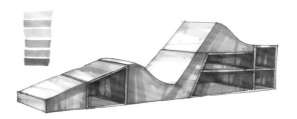

▲ 图9-384 多功能储物柜组合

▲ 图9-385 休闲家具组合

▲ 图9-386 凳椅组合